高等数学学习
方法与能力培养研究

王辉宇　著

哈尔滨出版社
HARBIN PUBLISHING HOUSE

图书在版编目（CIP）数据

高等数学学习方法与能力培养研究 / 王辉宇著．—
哈尔滨：哈尔滨出版社，2022.12
　　ISBN 978-7-5484-6814-1

　　Ⅰ．①高… Ⅱ．①王… Ⅲ．①高等数学－教学研究
Ⅳ．① O13-42

　　中国版本图书馆 CIP 数据核字（2022）第 189815 号

书　　名：高等数学学习方法与能力培养研究
　　　　　GAODENG SHUXUE XUEXI FANGFA YU NENGLI PEIYANG YANJIU

作　　者：王辉宇　著

责任编辑：韩伟锋

封面设计：张　华

出版发行：哈尔滨出版社（Harbin Publishing House）

社　　址：哈尔滨市香坊区泰山路 82-9 号　邮编：150090

经　　销：全国新华书店

印　　刷：廊坊市广阳区九洲印刷厂

网　　址：www.hrbcbs.com

E - mail：hrbcbs@yeah.net

编辑版权热线：（0451）87900271　87900272

开　　本：787mm×1092mm　1/16　印张：9.75　字数：210 千字

版　　次：2023 年 1 月第 1 版

印　　次：2023 年 1 月第 1 次印刷

书　　号：ISBN 978-7-5484-6814-1

定　　价：68.00 元

前　言

　　高等数学是所有高校要都设置的一门必修课，其开设的目的是让学生掌握高等数学的基本知识，培养学生辩证的思维意识和数学素养，提高学生的抽象思维能力、严密的逻辑推理能力以及运用数学知识解决实际问题的能力，为专业课的学习打下必要的数学基础，并为学生继续学习和可持续发展奠定基础。但是，高等数学又是大学新生普遍认为比较难的一门课程，在众多课程中其不及格率也是比较高的。与高中数学相比，其内容多、逻辑性强、较抽象。很多大学生在开始接触这门课时常常会感到茫然。

　　要想学好数学，多做习题是必须的。熟悉掌握各种题型的解题思路，刚开始要从基础题入手，以课本上的习题为准，反复练习打好基础，再找一些课外习题。以帮助开拓思路，提高自己的分析、解决问题能力，掌握一般的解题规律。对于一些易错题，可备有错题集，写出自己的解题思路和正确的解题过程，两者一起比较找出自己的错误所在，以便及时更正。只有平时养成良好的解题习惯，让自己的精力高度集中，使大脑兴奋，思维敏捷，能够进入最佳状态，在考试中才能运用自如。还要学会以数学思想学习知识点，用数学方法解决问题。所用的数学方法有函数思想、分类讨论思想、转化思想、数形结合思想等。做数学题并不提倡题海战术，而是贵在精不在多，"精"大致可以表现在三个方面：一是广，二是深，三是懂。

　　数学应用能力对于大学生今后的生活工作有重要作用，重理论、轻应用的传统教育模式已不适应社会的发展和学生自身成长的需要。大学生数学应用能力的培养已成为高校高等数学教学改革的重要课题。目前，受教学理念、教学方法等方面的影响、制约，培养学生高等数学应用能力的教学效果并不理想，这就需要广大教师通过改革，优化教学内容，改变教学方法，引进新思想、新技术，促进学生数学知识的获得和应用能力的提高协调发展。

目 录

第一章 高等数学学习的理论研究

第一节 高等数学学习困难原因分析

高等数学教学如何应对教育教学改革形势之下的新的要求，是每一位高等数学任课教师需要思考的问题。随着基础教育课程改革的不断深化，高等教育改革更是再次成为人们关注的对象。高等数学是理工科学生所要学习的重要基础课程，对学生思想方法、认知结构和创新能力的形成有着重要作用。高等数学教育对大学阶段的学生至少有以下三个方面作用：一是专业课必不可少的知识工具；二是培养理性思维能力最好的知识载体；三是提高科学审美意识的重要途径。笔者在自己多年高等数学课程教学经验的基础上，结合对开设了高等数学课程的经济、化学、物理、生物等专业的学生以及相关教师的问卷调查和个别访谈，对高等数学学习困难原因及教学对策进行了研究。

一、学生高等数学学习困难现状

高等数学课程主要包括微积分、线性代数和概率论与数理统计，因为不同专业的培养目标及后继学习所需不同，在相关专业所开设课程存在一定差异。通过对学生在这些课程上的学业表现进行分析，学生在高等数学学习中存在学习困难的现象较为普遍。个别专业学生在期末的高等数学考试中不及格率偏高，在补考和重修中仍没有太大改观。学生在学习上的表现与高等数学教学要求及教学目标相去甚远，未达到基本学习要求。学生在访谈中反映自己在高等数学学习过程中摸不到头绪，无法掌握有效学习方法，主要靠对公式、例题和作业题死记硬背应付考试。

二、学生高等数学学习困难原因分析

造成学生高等数学学习困难的原因是多方面的，本节主要从高等数学课程特点、学生和教师三个维度进行讨论。

（一）高等数学课程自身特点因素

相比学生在基础教育阶段所学习的数学知识，高等数学课程无论在知识内容，还是抽

象严谨、体系严密上都对学生学习提出了更高要求。初等数学知识为了便于学生接受，在严谨性和抽象性方面降低了难度。高等数学知识难度不仅体现在知识自身的抽象上，还在于知识之间逻辑联系的加强上，知识之间严密推理更繁杂。从初等数学到高等数学，数学与学生实际生活之间联系也不再密切。建立在逻辑推理基础之上的高等数学，需要学生具有较强的逻辑推理能力、抽象思维能力和想象能力。

（二）学生学习维度因素

高等数学课程由其基础性特点决定了必须在大学一年级开设，而这也正是学生从中学学习到大学学习方式转变的关键阶段，学生必须在较短时间内适应新的学习方式。

1.学习目标不明确，心理状态不稳定

学生普遍在高中学习阶段承受了较大的升学压力，被繁重的学习任务和重复的学习训练所困。进入大学后，未能马上认识到大学学习的重要性，而选择将参加社团活动、锻炼自身能力作为最重要的事情。学生普遍未能及时确定好自己的学习目标，学习动机较弱。现今学生多为独生子女也不能正视困难，积极面对问题，心理承受能力较差，不能主动地选择解决困难的方法，而是消极逃避，知难而退，甚至个别学生完全放弃高等数学学习。

2.学生的自我监控水平较低

通过对学生的调查发现，学生数学学习元认知水平较低，这也是以高考为指挥棒的应试教育大行其道的结果。学生是在各种外因共同促进下完成中学学业的，这些因素在大学学习阶段发生了较大变化。首先多数家长对孩子大学阶段学习处于无期望阶段，家长关注由学习和升学转向了其他方面；其次，高中阶段的保姆式教师不复存在了，取而代之的是新型师生关系。外界监管消失和自我较低监控水平，造成了学生不能投入大量精力进行高等数学学习的现状。学生无法在高等数学学习和娱乐之间做出正确选择和时间分配，导致了时间的浪费。因自控能力缺失，高等数学课堂上出现了学生玩手机现象，并有愈演愈烈之势。

3.学生的学习依赖性强，自学能力较差

教学不仅要让学生掌握较为扎实的基础知识和基本技能，更要让学生掌握一般的学习规律和方法，不断提高自学能力。学生在以往学习中养成了依赖教师的习惯，一旦教师放手，便无所适从。和中学数学教学相比，高等数学教学中普遍存在着课时紧张、知识容量较大等问题，教师每节课所授内容较多，学生无法在课堂时间完成知识的掌握和巩固。课堂教学无法完成的任务需要学生利用课下时间通过自学方式完成。学生只有养成课前自我预习，课后自我巩固训练的自学习惯，方可较好地完成高等数学学习任务。

（三）教师教学维度因素

通过对学生进行的调查反馈和个别访谈，笔者发现高等数学任课教师在教育教学方法上存在一定误区，主要表现在：第一，教师对学生学习基础和心理特点缺少正确认识，缺少主动了解学生的意识；第二，教师偏重于对知识系统讲解，忽略了对学生学习方法的指

导和高等数学中重要思想方法的渗透教学；第三，教师教学方法陈旧、单一，灌输式讲授教学为主要教学方法，学生在课堂上缺少参与和思考机会，降低了学习兴趣，课堂变成了教师的独角戏。教师在教学过程中的种种表现会直接影响学生高等数学的学习效果，甚至挫败学生学习的积极性，造成数学学习困难。

三、针对高等数学学习困难教学对策

数学教师需要分析和研究学生学习上存在的困难现象，通过不断提升自身专业素养、创新课堂教学方法和多种方法展示数学美，加深学生对高等数学知识的理解，提高学生高等数学学习水平。

（一）教师自身专业素养不断提升是教学效果的保障

通过教师访谈，笔者发现有高等数学任课教师没有师范专业学习经历，也未曾系统学习过数学教育教学理论。教师所掌握的教育教学理念和方法更多的是通过回顾自己受教育经历和模仿有经验教师获得的。也就是高等数学教师具有较为扎实和深厚数学专业知识和数学素养，但在数学教学知识方面存在一定欠缺。针对这种情况，首先应该做好高等数学教师数学教育教学培训工作。数学教师除了通过培训系统学习相关教育教学知识之外，同行之间交流和自我教学反思也是数学教师成长的重要途径。教研室组织的备课、听课活动，教学专题研讨活动，都有利于促进教师专业水平的提升。教师应该养成较好的自我反思习惯，对自己每节课授课情况进行及时反思和总结，认真思考自己在教学过程中遇到的问题和困惑，及时了解学生对教学的反馈信息。教师作为教学实施者，其教育教学水平提升必将有效改变学生学习困难状况。

（二）重视中学与大学之间的衔接，帮助学生适应高等数学学习

学生对高等数学学习不适应是导致学习困难的重要因素，高等数学任课教师应该从这个角度寻求突破，以期使学生缩短适应过程。教师首先应该对学生学习基础和学习方法有所了解，可以通过课前诊断测验或调查形式，全面了解学生对高等数学所需基础知识和方法掌握情况。必要时，可以在新授课之前进行查漏补缺，完善学生的基础知识。新课程改革之后，中学数学内容发生了较大变化，高等数学教师必须了解清楚学生已经较好地掌握了哪些知识，在哪些知识方面是欠缺的甚至是完全空白的。教师要重视绪论环节讲解，介绍高等数学学习范围、知识框架和高等数学知识发展过程，让学生可以对高等数学有整体把握。教师从自我学习体会以及自我知识体系出发，对所要讲授的高等数学知识进行概括。教师在自学能力培养方面需要着重用力，通过数学问题引导方法帮助学生养成良好的课前预习习惯，不断提高学生的自学能力。

（三）多种教学方式相结合，提升学生的学习兴趣

高等数学任课教师应改变过于单一的讲授式教学方式，开创多种教学方式相结合的高

效数学课堂。教师应大胆创新，勇于尝试，在对各种教学模式和方法熟悉的基础上进行试验。大学课堂目前存在千篇一律的现象，在教学模式和教学方法方面缺少与时俱进的创新。高等数学体系是建立在概念定义、命题定理、证明推导之上的演绎体系，学习时不但需要关于知识问题来驱动大学生对数学的探究，更需要从数学整体乃至本源，抑或数学哲学层面把握数学的发生发展过程。教师应该通过多样教学方式，让学生参与到数学课堂学习中，促进学生对数学进行理解。笔者在概率论与数理统计教学过程中采取了自主学习与合作交流相结合的教学方式，将学生的被动接受学习转化为学生自我明确目标、小组合作讨论解决问题和小组呈现结果等多种形式的学习，较好地调动了学生的学习兴趣。在当今信息化时代，教师应该有意识地关注教育教学改革动向。当前的翻转课堂和慕课等新教学方式正在"颠覆"传统课堂，高等数学任课教师应该及时将这些前沿教学方式引入自己课堂中。通过信息技术与数学教学整合，提升高等数学教学效果。

（四）多种渠道展现数学美和数学文化

学生在高等数学学习过程中，往往会感到数学枯燥和乏味，意识不到数学美和数学价值。教师可以借助数学史展示数学学科的发展过程，向学生介绍牛顿、柯西、伽罗华等数学家生平事迹和数学趣味故事。通过在数学教学中渗透数学形式美和简洁美，唤起学生对理性美的追求。教师可以搜集相关数学美和数学文化资料，通过网络渠道与学生共享，也可以让学生到网络上搜集与数学文化相关的材料，组织专题学习，让学生能够从多个方面对数学进行了解。

（五）高等数学学习评价制度不断完善

完善高等数学学习评价方法也是转化学生学习困难的重要途径，现在考试评价存在的问题主要表现在考试形式单一、注重终结性评价和评价结果处理简单等问题上。数学考试基本形式是笔试、闭卷，一旦试题出现偏颇，考试成绩就会严重失衡，导致学生恐惧、厌烦数学，最终丧失学习数学的信心。数学教师应该将对学生学习情况评价转化为过程性评价，关注到学生学习整个过程，并在期末考试成绩构成上得以体现。教师不仅要关注学生数学问题解决能力，也要关注到学生数学思维发展状况。教师可以在考试题目中设置开放性问题，考核学生数学思维水平，考查学生灵活运用数学知识解决实际问题的能力。

第二节　高等数学的学习调查

高等数学是高等学校理工科学生必修的一门基础课程，是理工科专业后续课程的基石。其具有内容抽象、难度大、逻辑性强、应用广泛等特点。学习高等数学有助于培养学生的逻辑思维能力、空间想象能力、分析问题和解决问题的能力等。目前，由于招生规模的扩大，各省生源高中数学的学习内容在深度和广度上存在区别，导致学生高等数学的基础差异性较大。另外，由于长期的应试教育导致部分学生习惯了被动接受，缺乏主动思考、创新思维，从而出现上课不积极，注意力不集中，抄袭作业、考试不及格等问题。为了进一步获得学生高等数学的学习情况，并分析其中的原因，故笔者对南京林业大学学生高等数学的学习进行调研。

一、学习情况的调查与分析

（一）调查对象与方式

对南京林业大学 2016 级、2017 级部分学生高等数学的学习情况进行问卷调查，随机抽取计算机科学与技术、电气工程及其自动化、测绘工程、家具设计与工程、会计学、软件工程、国际经济与贸易 7 个专业的 332 名学生进行网络问卷调查。

（二）调查内容

问卷调查设有 16 道题目，内容涉及学生的中学数学基础，学生对高等数学的课程认识，学生的学习兴趣、学习方式及学习习惯，任课教师方面存在的问题等。其中中学数学基础包括高考数学成绩及中学数学与高等数学的衔接情况。学生的学习兴趣、学习方式及学习习惯包括学生课后的学习时间，完成作业的情况，课堂上的听课效果等。任课教师方面的问题包括教学内容、教学方式等。

（三）调查结果与数据分析

学生的高考数学成绩 70 ~ 80 分段（按百分制计算）占比最多，将近 40%，约有 15% 的学生高考数学在 60 分以下，说明大部分学生的基础相对牢固，有少部分学生基础相对薄弱。少部分学生对代数恒等式的概念比较模糊，表明学情与调查结果相匹配。

关于课后学习高等数学的时间调查，有超过 50% 的学生课后学习高等数学的时间都不超过 1h。这说明很多学生对高等数学的时间投入较少。通过与学生的随机访谈，发现造成这种情况的原因主要有两个方面：一是进入大学后，与中学不同。学生的课外时间没有了学校和家长对他们在学习上的安排，在学习上付出少，自然会影响学习的效果。二是有些学生存在对高等数学的畏难情绪，没有积极面对，迷失了学习的方向。

受课时紧、教学容量大等因素的影响，目前，高等数学的主要教学方式仍是以讲授为主。这在某种程度上，限制了学生主动性的发挥。调查显示，只有 10% 的学生喜欢老师的全程讲解方式，而近 70% 的学生都希望老师采用讲练结合等灵活的方式组织课堂教学。

二、建议与措施

（一）转变学习方式

对调查问卷数据进行分析，关于中学和大学学习方式区别性的调查，其中有 90% 的学生认为大学的学习方式和中学的学习方式有很大不同，需要制订新的学习计划。中学数学以基础知识、基本能力为主，强调对知识的记忆、对计算技巧的运用。主要学习方式是教师讲解，学生练习、做题，然后分析讲解。学生被动地接受知识、理解知识、掌握知识。大学的数学内容多、符号多、公式多，抽象程度高，理论性强，涉及面广。学习应以知识的理解和应用为主。高等数学不像高中，不是每天都有课时安排，高等数学的课堂容量也远超中学数学课堂，所以学生高中的学习方式不太适合大学的学习。知识的理解、消化、吸收要靠学生自己安排时间主动去汲取，所以学生养成一个课前预习、课后复习的习惯非常重要。

课前预习能发现问题，带着问题去听课，这样更有针对性。课上加强课堂注意力的提高，发挥自己的主体作用，不玩手机，积极与老师互动，提高课程效率。课后复习，及时对上一堂课的知识进行巩固。在实践中探索出适合自己的高等数学的学习方式，养成正确的学习习惯，明确学习目的，端正学习态度。通过练习与讨论可以对所学知识有一个更深的理解，既能培养学生对数学学习的兴趣，提高学生分析问题、解决问题的能力，又能为学生专业学科的学习和研究提供数学工具与基础。

（二）充分利用网络资源

调查问卷结果显示，学生对现有的中国大学 MOOC、国家精品课程资源网等大型开放式网络课程并不了解，学生在课外可以利用丰富的高等数学课程资源，发挥学习的主动性，突破课程时间与空间的限制，将学习中的问题逐个击破。学生也可以利用 QQ、微信、邮箱等现代通信方式，主动提问，教师在线答疑解惑，在帮助学生梳理知识、理顺思路的同时，提高学生对数学的学习兴趣与信心。教师也可以及时得到学生的反馈信息，反哺教学，调整自己的教学内容、教学方式和教学进度，真正做到教学相长。

（三）进一步深化分类分层次教学

调查数据显示学生的基础不尽相同，并且学生对教学内容、教师的教学方式的接受程度也有差异。而统一的培养模式忽略了学生的差异性，在某种程度上不能充分地挖掘每个学生的潜力，使每个学生得到充分的发展。鉴于学生的个性差异，课堂教学应进一步地深化分类分层次教学，教师不仅要备教材，还要备学生。要弄清学生的知识水平、知识结构和层次。在课堂教学时教师要通过不同的讲解方式、不同的案例来达到让大部分学生都能理解的程度。

（四）丰富授课形式，全面发展学生

课堂上教师单纯的讲解方式并不利于调动学生的学习积极性，为了提高学生的参与度，可采用讨论式、探究式教学方式。讨论式、探究式教学方式可充分调动学生的学习主观能动性，激发学生的学习兴趣，让学生更好地参与到课堂教学中来。

在信息资源环境下，突破传统讲授方式，发挥学生自主探究的能力，采取学案导向的方式，以项目为载体，以小组讨论、汇报等形式开展数学学习，教师在过程中注意重点难点的引导与梳理，和学生一起做好知识点的总结，实现"从零到整"的提升。课后，丰富

作业形式，学生可以针对高等数学的某一个知识点或者某一种解题思路，提交学习分析报告。创新的教学模式一方面满足了学生思维发展的需要，另一方面又满足了学生自我意识发展的需要，对学生的自我发展和自我价值的体现有十分积极的作用。而教师则不仅仅是知识的传授者，更重要的任务是培养学生的自学能力、自学习惯，教会他们怎样学习、怎样思考，提高学生分析问题、解决问题的能力。与此同时，在小组活动中也培养了学生的团队意识、合作意识和责任意识。

第三节　高等数学学习技巧

高等数学是高等院校学生的一门必修公共基础课，直接影响着后续很多专业课程的学习，在大学课程学习中起着非常重要的作用，因此学好这门课对于学生日后的发展非常必要。但是很多学生在学习高等数学的过程中都在不断地抱怨高数太难，在以闭卷的形式对教学效果进行考查时，高等数学的补考率偏高，有些学生即使进行补考或者重修，其考试结果也没有太大的变化。这与老师期望的教学结果有着很大的差异。根据笔者的一些教学经验，对高等数学的学习方法进行了研究。

一、高等数学特点

高等数学主要有以下几个方面的特点：

高度的抽象性。在学习高等数学之初，学生就可以深刻体会到高等数学的抽象性。比如在介绍函数极限定义时，给出了 ε-δ 语言定义的方式，这让刚接触高等数学的学生非常陌生。

与高中数学内容的脱节。高等数学的部分知识虽然在高中时也有所学习，但是学习的深度不够。比如，在高中主要要求学生掌握导数的计算，并未对导数的定义做深入介绍；在介绍定积分计算时，仅要求掌握利用定积分的几何意义求积分和利用基本积分公式求积分，更多求积分的方法没有研究。高等数学的大部分知识对于大一新生来说都是新的内容，与高中数学的联系性不大，并且学习方法和高中数学也有着很大的区别。

高度的严谨性。高等数学中很多知识点在应用的过程中有着非常严格的条件，这些都体现了高等数学的严谨性。比如，在证明拉格朗日中值定理时，由于要利用到罗尔中值定理，这就要求我们构造的函数必须要符合罗尔中值定理的三个条件，缺一不可。

应用的广泛性。高等数学知识对于后续课程的学习有着重要的影响。比如说，二重积分在《概率论与数理统计》中有着重要的应用；曲线积分和曲面积分又体现了高等数学在物理学中有着重要的应用，由此可见开设高等数学作为公共基础课是非常必要的。

高等数学学习任务重。一般来说，高等数学是合班上课，学生人数多，学习差异大，教师在授课的过程中只能照顾大多数同学。同时高等数学的授课课时不充足，这样教师的授课进度会比较快，经常会因为时间的原因使得知识点讲解不够细致，知识的扩展不够充分，没有习题课的时间，在课堂上不能给予学生充足的学习时间。

二、高等数学的学习技巧

针对学生在学习高等数学中经常出现的问题，根据个人的教学经验，现给出学习高等数学的几点建议。

（一）学习高等数学要有自信心、恒心和决心

很多学生在学习初期觉得高等数学很难，高中的数学经验完全用不上，不知道该怎么去学，使得学生学习的自信心备受打击，失去了学习的动力。随着课程的深入，问题逐渐积累，时间久了学习的效果肯定很差。对于初学者来说，一定要有决心学习好高等数学，不能畏惧问题，同时高等数学课程的安排一般都是一学年，是一个漫长的学习过程，一定要有恒心。

（二）做好课前预习和课后复习

很多学生现在没有了预习和复习的习惯，仅依靠课堂的学习时间，一旦课堂上出现分心情况，可能会遗漏某些重难点。课前预习可以帮助我们提前对知识点做一个梳理，带着疑问去听课，会帮助我们增进对知识的理解，课后的复习会进一步加深对知识的深入思考，所以复习和预习的环节非常重要。这样，学习的方式就由单纯依靠老师，变化为学生的积极思考，从而改变学生被动学习的状态。

（三）多做练习必不可少

苏步青说过：学习数学要多做习题。只有通过做习题才能够进一步熟练解题思想和解题过程，才能够对知识点更进一步地理解和思考。很多学生反映考试时间不够，追究根源就是练习少了，解题的熟练度和速度跟不上。同时也要扩大做题范围，比如可以把历年的考研题作为补充，见多识广才能完善学习的深度和广度。

（四）对知识点举一反三

学习的效果不一定和做题量成正比，很多学生题做得也不少，可是对高等数学学习依旧存在很多困惑。多做题要边做边思考，发现其中的规律从而做到触类旁通。有些题的解题方法可能不止一种，做题的过程中要从多个角度去思考，才能真正把题吃透，把知识点掌握。

（五）注重知识点间的对比

高等数学有很多的定理和公式，我们要熟记这些内容，但是定理和公式多了，我们可能会混淆或者忘记。这个时候我们要注意相近定理和公式间的差异，用对比的方法帮助我们记住知识点。而有些公式的记忆可以转化为对公式推导过程的理解，比如一阶线性微分方程中的常数变易法，虽然给出了方程通解的公式，但是对通解的计算，我们完全可以按

照通解公式的推导过程进行，一样可以得到答案，这样我们可以减少要记忆的内容，减轻学习负担。

（六）注重各类学习渠道的应用

很多高等数学课本都配有学习辅导用书，上面有知识点的总结和归纳，配有更多的习题，更加注重考研题目的介绍，并且对课后习题有解答，方便我们从各个角度掌握知识点，我们要用好这些书。同时还可以借助网络平台，实现资源共享，建立良好的师生互动模式，让学生更方便地学习高等数学。

（七）加强与教师的沟通

高等数学课程的授课进度一般比较快，课堂上思考时间不足，所以不会的问题要及时向老师反馈，做到不留疑问；同时师生间的沟通也能方便教师掌握学习情况，更加有针对性地制定出教学方案。

学习高等数学一定要有决心和恒心，这样才能够把基础打牢，同时找到适合个人的学习方式，多练习多思考，加强师生间的互动，把被动的学习方式转换成主动的思考，才能更好地掌握高等数学这门课程。

第四节　初等与高等数学学习方法的差异

高等数学与初等数学之间有着密切的联系，在中学阶段，学生对初等数学知识已经进行了学习，而在其进入大学之后，又会接着学习高等数学，但是不少学生在进行高等数学的学习时，往往没有将其与初等数学进行有效的区分，在学习方法上仍然沿用初等数学的学习方法，因而导致其学习效果不佳。所以对初等数学与高等数学在学习方法上存在的差异进行探讨是非常有必要的。

一、初等数学与高等数学学习方法现状研究

在中学阶段与大学阶段，数学的学习内容和学习方法都存在着较大的差异，在中学阶段进行初等数学的学习时，许多教师所注重的往往都是课堂上的知识讲解，因而对许多数学知识，学生在课堂上很难进行理解。所以在课后，学生应该对不理解的问题进行巩固性的练习。在进行初等数学学习的过程中，学生对教师往往有着很高的依赖性，而且他们的学习也更为被动。但在学生进入大学之后，在进行高等数学的学习时，往往还会继续沿用初等数学的学习方式，但是一方面大学的教育不同于中学阶段，另一方面高等数学与初等数学之间本来就存在较大的差异，所以就使得高等数学的学习成为许多大学生的一个难题，究其原因，主要是因为学习方法的不合理，没有对初等数学与高等数学在学习方法上的差异形成正确的认识。

二、初等数学与高等数学学习方法的差异分析

（一）对学生自学能力的要求有所不同

学生在中学阶段进行初等数学的学习时，基本都是依赖于教师的讲解，对于许多知识的理解都需要依靠教师，学生需要做的就是不断地进行练习，从而使得自己能够更好地应对考试，在考试中取得更好的成绩，再加之中学生普遍都面临着中考和高考的压力，所以使得他们在对初等数学进行学习的时候，往往都是围绕着考试内容做练习，因而在中学阶段，学生的自学能力并不是很强，因为他们可以依赖教师，唯一需要他们进行自学的就是自己在课后进行不断的练习。但是在进行高等数学的学习时，这种方法就不适用了，因为高等数学更加注重学生的自学能力。在课堂上，教师所讲的内容十分有限，因此大部分的高等数学知识，就需要学生自己在课后进行探究，通过自己的研究来对其加以掌握。所以说高等数学与初等数学对学生的自学能力有着不同的要求，只有明白这一点，并且对于自身的自学能力进行培养，才能够为以后学习高等数学打下基础。

（二）高等数学更加注重启发式的教学

在进行初等数学的学习时，教师往往会知无不言、言无不尽，对于自己所了解的初等数学知识以及方法向学生进行详尽的介绍，所以在教学过程中，学生往往只需要顺着老师的思路来理解，并不需要自己进行一些创造性的探索。这是由初等数学教学的特殊性所造成的，因为在对初等数学进行学习的时候，学生处在一个特殊阶段，需要面临各种各样的考试，而且用来进行数学学习的时间也不多，所以就使得教师必须要保证学生能够在课堂上尽快地理解相应的初等数学知识，再通过一定的练习来对其加以熟悉，从而能够灵活地加以应用。但是高等数学的学习却有所不同，大学教师往往不会再像中学教师一样，大学教师更加注重启发式的教学，对于许多高等数学知识，教师只是在课堂上点到即止，提供给学生思考和研究的方向，然后让学生在课后自己来进行探索，从而使得学生的探索能力得到提高。这种教学方式就更加注重对于学生独立钻研能力的培养，能够使得学生在教育教学活动中的主体地位得到充分体现。

（三）在学习习惯的要求上存在差异

在进行初等数学的学习时，学生在学习习惯的养成上基本上都是围绕着考试，所以在中学阶段，学生良好的学习习惯标准就可以定义为在上课时能够全神贯注地听老师讲课，在课后能够尽可能多地进行数学题的练习，在考试中能够取得较好的成绩。但是对于高等数学而言，却有所不同，良好的学习习惯除了需要在上课时认真听讲之外，课后练习在一定程度上被降低，高等数学的学习更加关注学生发现问题、解决问题的能力，所以说学生发现问题和解决问题的能力往往就是衡量其是否具有良好学习习惯的一个重要标准，因而初等数学和高等数学在对学生学习习惯的要求上也有所不同。

在对数学进行学习的过程中，学习的方法显得至关重要，无论是初等数学还是高等数学，要想学好它，都必须掌握有效的学习方法，而要掌握更好的学习方法，就必须对高等数学学习方法与初等数学学习方法之间存在的差异有一个明确的认识，不能将二者混为一谈，必须要做好学习方法的衔接，才能够使得学生更好地进行数学的学习。

第五节　高等数学学习兴趣的提高

在高等数学教学过程中，同学们普遍认为高数是大学所有课程中最难学而且很重要的基础课，如何克服学生的畏难厌学情绪，使学生对其产生浓厚兴趣，是高数教师必须面对的问题。笔者就自己的教学实践，就如何提高学生学习高等数学的兴趣进行分析，提出了几点建议，为高等数学的教学提供借鉴。

一、启发设疑，激发学生对高等数学的学习热情

对于高等数学中抽象、复杂的理论，教师应尽量运用猜想、画图、类比等直观性教学法，使学生易于理解和接受。如"以直代曲"的数学思想就可以这样类比：地球表面是一个球面，但为什么我们平常看到的却是平面呢？其实这就是局部的"以直代曲"。这样就给学生提供了一个具体的想象空间，不仅容易加深对概念的理解，而且有利于培养学生对数学的兴趣。再如，在新生入学后的第一次高等数学课上，教师可设置学生熟悉的几个问题：①做变速直线运动的物体的瞬时速度如何求？②曲边梯形的面积、旋转体的体积如何求？这两个问题正是利用高等数学中的微分和积分来解决的，用现有的知识虽然可以解决，但是是很麻烦的，然而学习高等数学后很快就会计算出来。学生一听，便产生了学习高等数学的浓厚兴趣。

二、重视数学概念和定理的讲述

高等数学具有高度的抽象性，教师在讲解知识时，应该能够做到深入浅出，循循善诱。在讲解知识时，教师应设置学生熟悉的思维环境，让学生独立思考，如在讲"导数与微分"时，可以通过学生熟悉的梯形面积求法或者物理中的速度与位移的关系开始引入相应的概念，让学生在已学知识的基础上了解新的内容。在讲解新内容时，可以给学生讲一些相关的故事，这种教学方法既能增强学生学习的兴趣，又能让他们从中学到一些道理。例如，在建立定积分概念时，通过对两个具体问题——曲边梯形的面积和变速直线运动的路程的计算，可以看到：前者是几何量，后者是物理量，它们的实际意义并不相同，但它们的数学思想和计算方法是相同的。排除其具体内容，抽出其本质特征，即单从数量关系看，都具有一种相同结构的特定形式，从而抽象概括出定积分的普遍性定义。注重理论的理解，

注重学习的过程，结合实际进行教学。高等数学中许多重要概念都是从实际问题中抽象出来的数学共性，结合实际讲述重要概念尤为重要。授课时应注意承前启后。目前大多数高校一般一个星期上两次共4节课，学生很难吸收课上的全部内容。为了解决这一问题，采用上课前回顾上节课内容，讲清本节授课重点及其重要性，下课前归纳总结本节课内容的方法，可使学生从整体上理清课堂内容的思路。

三、教师精讲示范，再现主要的教学内容

教师精讲内容时，要用严密的数学语言把主要内容概念化、系统化、结构化，结合学生的实际，用典型例题进行示范讲解。例如，在"定积分的应用"这部分内容的教学中，按照正常教学安排一般要讲授4学时。然而，"定积分的应用"核心是"微元法"，在课堂教学中只要10多分钟，就可以将"微元法"的原理讲清楚、透彻，然后再与学生一起做两个典型题加深理解，整个过程不超过半小时，学生就能初步掌握"微元法"；与此同时，激发了学生的学习积极性和进一步深入理解"微元法"的热情。接下来就是选择适当的习题，引导学生课后练习。这样就把能力培养、创新思维训练渗透到"微元法"的讲授过程中，学生在学习知识的同时也在领悟一种思维方法，学生这样学到的知识不仅扎实，而且能够举一反三，运用自如，并且体验到了学习的乐趣所在。课后给学生留下足够的思维空间，充分发挥他们的聪明才智，发现问题、解决问题。

四、多媒体教学

现行的高等数学课堂教学，"满堂灌"现象依然突出，教学过程呆板，讲解枯燥无味，采用的教学手段依然是粉笔加黑板的传统模式，没有充分利用现代化的教学手段。在课堂上若能适时利用多媒体教学，能够让学生的听觉、视觉等器官都受到刺激，也能让高等数学的一些较复杂和难理解的内容直观展现，使学生容易理解和掌握。比如在研究多元函数时，利用多媒体把空间直角坐标系下多元函数的曲面图形展现出来，就可以帮助学生建立更直观的形象，这样也有助于提高学生的学习兴趣。

五、注重教学效果

教师要授人以渔，在课堂上不仅要教学生做具体的某一道题，还要教会学生分析问题、解决问题的方法。在讲解题目时，应该问这道题属于哪种类型；在讲解定理时，不要急于证明，要问问他们定理有哪些条件，结论是什么，对于这个结论有哪些充要条件，这些充要条件与定理的条件如何建立关系，或者问结论与条件如何发生关系，分析清楚后再引导学生进行解题或者证明，然后再归纳总结解题和证明的方法，使学生做到举一反三。

六、师生协作教学，构建高效课堂

在传统教学中，一般都是教师在讲台上教，学生在下面学，师生之间的交互性不够，在整个教学过程中学生仅仅充当了一个知识的接受者，这种接受是被动的，缺乏互动性。缺乏探究和学生的主动参与，缺乏相互的合作交流，使得学生遇到的题目是教师没有在课堂上讲授的或讲授得不全面的，学生不会解答；题型新颖或问题方式不同于课本题目的，学生不会解答。究其原因是教师在教学过程中使用的教学手段对培养学生学习能力和创造性思维能力方面的工作没有落到实处。为了打破这种恶性循环的教学模式，当学生学完一章或一节的内容时，教师可以组织学生自己挑选其中的某些内容或习题在课堂上讲解，让学生自己充当一次教师，而教师可以在旁边进行适当的记录与提示，当学生讲解暴露出知识不完整、语言不严密、表述不清楚、数学符号不规范等问题时，教师可以就其中所出现的一些问题进行纠正或补充，这样学生能够通过这种复习方式更扎实地、更熟练地掌握住所学知识，同时还能够激发学生的学习兴趣。

当然上述几方面并不是孤立存在的，而是相互包容渗透的。教与学也是相互促进、相互发展的。数学是一门枯燥而乏味的学科，作为高等数学教师，就要改变传统的满堂灌的教学模式，通过循循善诱、设疑，鼓励学生大胆猜想，举一反三，激发学生的学习兴趣和求知欲，引导学生积极主动地学习，才能不断提高数学教学的效率与质量。

第二章　高等数学学习模式研究

第一节　"互联网＋高等数学"学习模式

高等数学作为一门传统的基础学科具有高度的抽象性、统一性和逻辑性，它深刻地揭示了事物的本质规律，被极其广泛地应用。但其很强的抽象性和严密的逻辑性，和相对单一枯燥的内容，让很多学习高等数学的学生失去了对这门课程的学习兴趣。

特别是在当下，互联网高度发达，网络上吸引眼球的内容五花八门，学生很难将注意力集中到枯燥的高等数学学习中，这使得高等数学这门传统的基础课程在大学生中受到冷落。如何让高等数学这门传统的学科在当下激发出学生的学习兴趣并深入进行学习，是亟须我们去思考和解决的。

"互联网＋"给当前逐渐丧失优势的传统行业带来了新的发展动力。"互联网＋"是通过其自身的优势，对传统行业进行优化升级转型，使得传统行业能够适应当下的新发展。在高等数学学习中，我们也可以引入"互联网＋"模式，构建"互联网＋高等数学"模式，利用信息和互联网平台，使得互联网与高等数学这门传统学科进行融合，利用互联网具备的优势特点，给高等数学的学习注入新的动力，最终推动高等数学不断向前发展。

一、充分利用互联网技术平台

在"互联网＋"大环境下，在高等数学学习中，要充分利用互联网教学平台。目前，互联网在线教学平台已得到很大发展，且日趋完善，如爱课程（中国大学MOOC）、雨课堂、超星尔雅网络通识课平台等。与传统教学相比，互联网在线教学平台受到的时间和地域的限制相对较少，其灵活便捷的学习方式特点鲜明。学生可以利用课余时间进行学习，在学习中遇到的问题的知识点，可以暂停或反复观看视频教学内容，直到把问题弄清楚。同时，互联网在线教学平台具备完善的交互功能，学生可以在直播教学中发弹幕，看录播视频可以留言；教师能及时在平台上回复学生的问题，可以在平台上布置作业，学生可将作业直接提交到平台上让教师批阅。互联网教学平台强大的学习管理系统，也是传统教学方式无法比拟的。通过在线平台数据分析功能，教师可以及时了解教学反馈情况，能对教学工作及时进行调整，很具有指导意义。

特别是在 2020 年特殊时期在传统教学方式无法进行的情况下，互联网在线教学平台发挥了巨大作用。虽然互联网在线教学平台存在缺少现场直观性、网络信号不好、地区使用受限、无法约束学生上课纪律等缺点，但其教学模式在当前的时代背景下的优势依然凸显。我们可以在传统教学的基础上，充分利用互联网教学平台的优势，充分融合两者的优点，营造多元化的教学模式，促进教学的进一步发展。

二、增强数学软件在高等数学中的应用

数学软件就是在计算机上专门用来进行数值计算、符号计算、数学规划、统计运算、工程运算、绘制数学图形制作或制作动画的软件。

传统的高等数学教学往往以面授为主，采用板书结合多媒体教学的方式，学生主要作为知识的接受者，学生的参与度较低。高等数学在大学阶段更具抽象性，计算更加复杂，计算量更大，在教学过程中以及课后枯燥的练习，学生都是被动地接受知识，学习兴趣普遍不高。但是数学作为一门基础学科，在日常和高科技领域的应用都非常广泛，其重要性不言而喻。

数学软件在高等数学中的应用，能将抽象的数学概念和公式形象化，有助于更直观地理解数学知识的内容，帮助加深对数学知识的理解。在教师教学内容的基础上，学生可以借助数学软件，尝试去解决自己的疑问，主动去探索了解知识的内涵；学生通过自主学习，加深了对知识的理解，锻炼了独立学习的能力，能够培养研究性创新能力。

随着计算机硬件性能的不断优化，计算机的计算能力不断增强，数学软件具有的功能也越来越强大，软件交互能力也越来越流畅。在数值计算、代数运算、图形处理等方面，数学软件表现突出，其应用也将越来越受到人们的重视。

众所周知，高等数学中许多重要方法，如求极限、求导数、求不定积分、求定积分、解常微分方程、向量运算、求偏导数、计算重积分、级数展开等，只靠笔算是难以完成的。Mathematica、Matlab 和 Maple 并称为数学应用软件领域的三大数学软件，其强大的数值计算能力，让它们在数学类科技应用软件中得到了广泛应用。

Mathematica 被广泛地用于教学中。Mathematica 系统用 C 语言编写，博采众长，具有简单易学的交互式操作方式、强大的数值计算功能及符号计算功能、人工智能列表处理功能以及像 C 和 Pascal 语言那样的结构化程序设计功能。它有 Dos 环境下及 Windows 环境下的几种版本。数学中的许多计算是非常烦琐的，特别是函数的作图费时又费力，而且所画的图形很不规范，所以现在流行用 Mathematica 符号计算系统进行学习，从高中到研究生院的数以百计的课程都使用它，很多问题便迎刃而解。

Matlab 是一种用于算法开发、数据可视化、数据分析以及数值计算的科学计算语言和编程环境。Simulink 是一种用于对多领域动态和嵌入式系统进行仿真和模型设计的图形化环境。Matlab 包含大量计算算法的集合，从基本算法如四则运算、三角函数，到复杂算法

如矩阵求逆、快速傅里叶变换等；其拥有 600 多个工程中要用到的数学运算函数，可以方便地实现用户所需的各种计算功能。Matlab 具备强大的图形处理系统，能动画显示二维、三维图形函数，可以图形化显示向量和矩阵，能对图形添加标注并进行打印。利用该软件可以进行极限、导数、积分、常微分方程、向量与空间解析几何、多元函数微积分、级数等运算。

Maple 系统内置高级技术解决建模和仿真中的数学问题，包括世界上最强大的符号计算、无限精度数值计算、创新的互联网连接、强大的 4GL 语言等，内置超过 5000 个计算命令，数学和分析功能覆盖几乎所有的数学分支，如微积分、微分方程、特殊函数、线性代数、图像声音处理、统计、动力系统等。技术文件界面组合文字、数学、图形、声音、建模、科学计算等所有的工作。大量的绘图和动画工具，包括超过 150 种图形类型。

数学建模大赛中数学软件的应用是很重要的一部分，计算过程图形的绘制、大量数据的处理、结果的输出和验算等，都离不开数学软件。同时，多个软件计算相互印证计算结果，在解决实际问题中也广泛应用。特别是在处理大型数据时，人工手算基本无法完成，采用数学软件可以较好地完成。

三、构建互联网数学交流组织

构建校级、科研院校之间、全社会三级数学交流组织，由学生、教师、科研工作者以及数学爱好者为参与主体，广泛而充分地讨论数学学习方法的问题、数学教学方式问题、数学应用及应用软件开发问题、热点数学问题等，通过广泛而深度的参与，形成良好的数学学习氛围，为数学的长远发展奠定良好的基础。

作为学校，可以举办开放的数学知识、数学发明、数学软件应用等比赛，提高数学学习的广泛性，激发学生的创造性；特别是在数学软件应用方面，通过软件能够直观地展现数学在解决实际问题中的应用。作为数学科研工作者，他们更多的是以解决实际问题为出发点，代表着数学学习与应用的最前沿，具有引领的作用。数学爱好者，他们聚焦的是数学热点问题。在构建完善的交流组织的前提下，各参与主体发挥自身的优势特点，相互补充，形成良好的数学学习生态组织。

"互联网+"时代的数学学习，就是利用科学技术手段、信息和互联网平台，使互联网与基础数学学习进行深度融合。利用互联网的开放性、连接一切性的特点，将数学知识、授课老师、学生三者有机融合，构建"互联网+"时代数学学习的新生态。新生态实现"以人为中心"的数字化，全过程紧密结合学习环境与信息技术，创造全新的数学学习模式。

数学学习新生态是时代要求数学教学改革的一个缩影，构建全新的数学学习新生态是一个逐步推进的过程，新的生态涉及每一个教学学习环节，需要结合数学学习中的各个环节的实际情况，大胆创新，稳步进行改革，最终形成产、学、研深度融合的大生态。

第二节 基于"慕课"的高等数学混合式学习模式

传统教学重课堂、重教师，课下却很难为学生创造独立学习的环境，阻碍了学生自主学习能力的培养和发展。"互联网＋教育"教学模式为解决这一难题带来了新思路，引起了教学方式的变革，但也出现了学生面对电脑学习自主、自律能力不足，交流、合作学习的机会缺失等新问题。于是产生了将两种教学方式和学习模式适当配置、组合的混合式学习，实现优势互补。

混合式学习并没有一个权威性的概念，比较有代表性的定义认为，混合式学习是"在'适当的'时间，通过应用相契合的'适当的'学习技术与'适当的'学习风格，对'适当的'学习者传递'适当的'能力，从而取得最优化的学习效果的学习方式"。研究者的初步共识是，混合式学习一定要包含在线学习（on-line）与面对面学习（off-line）两种学习模式，目标是通过两类学习模式的混合获得最优学习效果。混合式学习模式在中国的发展已有近十年的时间，相关研究已积累一定数量，分布在不同的学科领域，基础理论、资源建设研究、系统的设计开发、应用与实践成果等相关研究都有涉及，并且呈现出明显的增长态势，研究的创新性和深度均有加强。当前，混合式学习模式研究面临的首要问题是理论与实践相结合的相关研究不足。中国高校缺少团队支持、激励支持、技术及经费支持，教师工作量太大而个人精力有限，导致混合式学习的研究处于探索阶段，想法难以实施。因此，建立一套教师能够操作的混合式学习的教学设计思想和方法，将混合式学习应用于实践，是研究混合式学习模式的关键。

高等数学课程是中国高等教育体系中一门重要的基础课，目前大学数学类课程混合式学习研究主要分为两大类：引进优质教学资源是一种基本做法，课堂上利用多媒体播放视频，针对提问、思考等环节将多媒体暂停，组织学生分组讨论、提问；此外，还有将"慕课"与"翻转课堂"结合，将线上、课堂与实践相结合，鼓励学生参与研究。两类混合式模式都是教学方法的创新，收获了良好的教学效果，给研究者以有益的启示。引进优质教学资源是快速提高教学质量的有效办法，但课堂上放视频并不利于充分利用课堂时间；而且这两种混合式模式在教学中所选择的课程都是人文类性质的专业课程，偏向文科类课程的教学，和高等数学课程混合式研究有较大区别。

研究在维持被测学校现况、学生（数量、能力水平、学习条件）和学校资源（师资、教室等软硬件设施）条件不变的情况下，将基于"慕课"的高等数学混合式学习模式应用于教学实践，对学习过程的实际情况进行较为全面、系统的实证研究，为本科层次高等数学课程混合式学习相关研究提供基本思路和方法，希望对高等数学未来改革提供一定参考。

一、研究方法

（一）研究被试

学生为北京地区一所应用型本科院校，2016级计算机学院信息技术相关专业两个班（每班40人）共80人。将两个班级大一上半学期的高等数学I课程原本传统大班授课模式的合班课，分成两个班级，一个班级为混合式学习模式的实验班，另一个班级为对照班，沿用原课程方案、教学大纲采取传统教学模式。研究对象选择理由：一是计算机学院有计算机实验室，方便学生使用电脑及网络；二是新型教学模式处于探索阶段，从高考数学成绩看学生具有较高的数学素质，利于学习任务的布置；三是学生为工科生，对高等数学学习比较重视，方便混合式学习模式的开展。

（二）研究思路

1. 教学内容及模式

高等数学I课程讲授的重点内容为一元函数微积分的相关内容，教材为同济大学出版的《高等数学（上）》（第6版）。由于在线课程的设计和开发需要时间和资金，为保证混合学习顺利开展，"可实施"是研究的基本原则。中国"慕课"资源丰富，注册简单，平台完善，免费向公众开放，是便于利用的优质在线课程资源。为便于课堂开展讨论，要求学生统一注册中国大学MOOC账号，选择国防科技大学朱建民教授的《高等数学》，山东大学蒋晓芸教授的《高等数学》作为学生的在线学习参考，学生也可在此基础上进一步自由选择。

研究中，实验班根据混合式学习模式的计划与设计，课堂教学改为34学时，对照班课堂教学仍为68学时。两种模式课下均只布置学习任务，学习时间由学生根据自身实际情况安排，不做具体要求。两个班级选择教学经验丰富的同一位教师（博士、高等数学课程教龄8年），有利于教师对课程、学生的整体把控，便于教师的引导和学生的讨论，也有利于研究的比较；两个班级有相同的课程目标、知识点，强调知识与能力并重。

2. 测试工具

因为实验班与对照班学生课上、课下学习计划、时间、任务、内容安排不同，为进行合理、有效的比较，选择期末考试、问卷及访谈作为测试工具。

（1）期末考试。期末试卷题目由教务人员从试题库中随机抽取，教师和学生均不了解试卷情况，题目为教材中题目和国家研究生入学考试题的相关类型题。期末试卷共分为4个部分：选择题侧重概念理解，填空题评判学生概念的应用和解题方法的选择，计算题以基本运算为主，综合题考察学生数学思想方法的掌握，题目覆盖讲授内容重点。

（2）调查问卷。为了了解实验班与对照班学生学习的具体情况，让学生登录教学系统填写问卷调查，对课程、学习及教师情况进行评价。根据已有的评教体系和量表，对课程、教学、自我反馈及教师情况等评教原始指标按研究需要，确立了6个课程评价指标，分别是课程总体评价、课程学习兴趣、课上学习难度、课下学习难度、学习效果自我评价、教师满意度，让学生根据学习时的自身感受，对每一个指标按程度从弱到强用整数 1～5 分别进行无记名打分。

（3）访谈。针对学习中的实际情况及问卷调查的相关问题，对课程，课上、课下学习，教师等基本问题对实验班和对照班学生进行进一步访谈，考查学生对学习的总体评价。

数据的收集与处理。研究采取实证研究法、调查研究法和比较研究法。从学生处获取学生的高考成绩，从课任教师处获取期末卷面成绩，用于成绩分析；在学校评教系统中获取学生对课程、自身学习及教师授课的评价。用 EXCEL2016 对数据情况进行统计。

三、研究过程

为实现传统教育与在线教育的优势互补，混合式学习既充分利用了互联网的优势，让学生在课下根据任务安排进行自主学习，又强调了学生在课堂上的主体地位，利用教师在课堂教学中的指导，给学生更多课堂上交流讨论、分析问题解决问题的机会，培养学生的综合能力。

（一）学习任务计划和要求

混合式教学课堂部分的第一课一改传统教学以课程介绍、序言为主，转为教师让学生了解本学期整体教学计划和每节课内容的具体安排，让学生对混合式学习有一个总体认识。教师要向学生说明课堂与课下学习的具体要求，包括每堂课学习内容，知识的重点、难点，技能掌握的水平及程度，应完成的任务和需要思考的问题，让学生可以按要求执行并完成学习任务。教师还向学生介绍混合式学习的方法，课堂与课下学习的联系，同学间、师生间的互助和配合，转变学习方法，培养学习能力。

（二）课下自主在线学习

和传统课程相比，在线教学要求学习者具有更强的学习主动性。学生长期面对计算机学习，容易失去学习兴趣，同时较差的学习自制能力也会降低在线教学的效果量。因此，教师要告诉学生"慕课"学习中可能出现的问题、解决的方法，并要求学生对学习的实际情况进行记录。学生需在学习过程中将学习内容（包括概念、定理、习题）梳理出知识要点，将学习情况、学习中的问题记录在作业本上，并对自我学习情况进行评价总结。为保证学生完成任务，教师让学生了解具体的奖惩措施，并在课程学习中严格执行，以班为单位建立微信群，课下完成任务要及时汇报，便于教师对学生的学习进行监督，在每节课前掌握每位学生学习的具体情况。教师定期检查学生学习记录，算入平时成绩，督促学生按要求完成学习任务。

（三）课堂面对面学习

（1）课堂学习设计的基本原则。实验班课堂教学时间减少，因此教学内容设计和时间安排需更合理有效，课堂中注重知识的整体性和问题的针对性。首先，打破教材的固定章节和模式，根据课程目标对课堂教学内容进行整合优化。课堂教学内容确定后，教师根据课堂教学具体内容安排学生的课下在线学习。其次，能力的培养需要思想认识的转变和实践的训练，学习方式、方法的转变既需要时间，也需要教师的积极引导。教师的指导需了解学生在线学习的反馈情况，针对问题进行生生间、师生间的交流讨论，解决问题并进行有针对性的练习加深巩固理解。

（2）课堂学习的具体实施。每次课2学时，分为两小节，每小节45分钟，共90分钟。第一小节分为两部分，学习反馈30分钟，师生间交流讨论15分钟；第二小节分为两部分，课堂练习35分钟，教师总结评价10分钟。

①学习反馈。首先让学生以小组为单位，组内回顾所学内容，根据自己学习中的问题进行相互提问、讨论和回答。教师了解小组讨论情况和每位学生的"慕课"学习情况，掌握学生学习中存在的问题，学习时的心得体会。对于学生的个人记录而未在小组讨论中解决的问题，留作集体讨论。

②师生间的交流与讨论。学生为主体的启发式教学中要发挥好教师的主导作用，要求教师有驾驭课堂的能力。课堂中，问题驱动教学模式既可以促进学生间的交流、讨论，也可以对学生的学习情况进行检验，了解学生课下学习的不足，促进学生逻辑思维及推理能力的养成，培养学生的思维方法和思维习惯。高等数学知识的逻辑性强，内容抽象，不便于理解，因此在课堂教学师生面对面的交流中，教师必须做好学生对问题的"启迪"和"激发"，适当合理引导，让学生积极进行判断和推理，参与思考和讨论，主动发现问题、分析问题并解决问题，真正理解学习内容。

③教师根据课程中的重点、难点，有针对性地进行课堂练习。加强对概念的理解，需要具体练习题进行补充。教师选择有代表性的题目，让学生进行课堂练习，题目的数量和难度由教师根据学生的学习情况进行选择。

④教师的总结及评价。教师点评、总结，布置课后思考问题、下节课内容及教学的安排。教师应将课堂内容与前后相关知识进行串联和引申，找出知识点、章节间的联系，体现数学学习的体系性和连贯性。如果时间充裕，可对当堂课内容进行课堂小测验，检查学生学习的实际情况。最后，教师对下节课内容的课下在线学习任务提出具体要求。

（四）评价体系科学合理

混合式学习中，教师对学生学习情况的评估，应了解教学实际情况，检验教学成果，同时转变大学生为了期末考试及格而学习的观念，制定更为科学合理的考核标准。为了提高学生混合式学习的自觉性和积极性，提高平时成绩的比例，加强对平时成绩的管理和要求。平时成绩占学生期末总成绩的50%，其中课下学习中学习的笔记、每次学习的总结、单元测验成绩、课堂出勤率、讨论发言情况各占1/5。同时，为调动鼓励学生学习的积极性，对单元测验成绩均为优秀的同学，期末可申请免考，期末成绩为单元测验的平均分；单元测验成绩均不及格的同学，没有资格参加期末考试，直接重修。

四、讨论与建议

（一）讨论

1. 混合式学习模式为高等数学课程未来改革提供了方向和动力

（1）高等数学课程混合式学习模式发展的必要性。中国传统高等数学课程教学体系完善、内容完整，但内容多、难度大、效率低，以"黑板＋粉笔"的注入式、满堂灌的教学形式讲解概念、证明定理和推导公式，易使学生不喜欢甚至厌恶高等数学课程，对课程及任课教师的评价都较低，教师也不喜欢承担高等数学课程，教学很少由学校最好的教师承担，高等数学课程改革迫在眉睫。混合式学习中的课下在线学习为学生提供了更具开放性的学习空间，以及从感性认识上升到理性认识所需的丰富信息，减少了教师课堂信息能力的局限性，改变了传统教师主导的教学模式，为学生带来了丰富、灵活的学习体验。

（2）高等数学课程混合式学习模式发展的可行性。现在的大学生入学前就已能熟练操作计算机、应用网络搜索资源，他们从小就习惯了利用技术手段学习和社交，在线学习的方式对于他们来说非常自然，并且从"可汗学院"及英美慕课平台使用情况可看出，以"慕课"为代表的在线学习模式深受学生喜爱。中国"慕课"资源丰富，免费开放，高等数学课程以微积分知识为主，内容的重难点、人才培养目标具有较强的相似性，可以充分利用已有高等数学"慕课"在线资源，结合本校课程目标，学校资源、师资和学生等情况，既可以共享优质资源，也可以解决因资源不足无法实施在线学习的问题，进行混合式教学的探索和尝试。

2. 混合式学习可以提高教学效率培养学生的数学能力

学生的学习重在学习体验的积累，学习体验离不开学生自己的学习活动，鼓励学生在课堂或课外学习中将自己习得的知识、技能、思想方法、情感态度等以口头或书面的形式传递给教师或同伴。但是目前中国大部分高校的高等数学课程为传统大班授课，依赖教师，导致学生被动机械地学习，抑制了学生思考问题的积极性与课堂交流，造成了学生思维的惰性，主动进行知识建构和实践的机会有限。相比之下，已有研究证明，小班教学比大班授课更有利于实现"以学生为中心"的教学方式的转变，保障不同学生的个性化发展，促进学生与教师间的交流讨论，提高学生的学习兴趣及学习质量，培养学生的自主学习能力。在现有高等教育教学条件下，推行小班授课必须提高课堂效率，混合式学习将课堂学习内容转为课下在线学习和课堂交流讨论，可以缩短课时，为高等数学大班教学转为小班教学提供条件，同时丰富学生交流合作的学习体验，有利于学生数学能力的培养。

3. 教师是高等数学课程混合式学习模式实践的核心

中国高等数学传统教学有丰富的积累，从教师的角度来说，教师能够很好地把握课堂，具备科学准确讲授概念、指导练习、规范板书的能力。教师的这些素质对混合式教学也是必需的，但混合式学习模式对教师提出了更高的要求。教师要对课堂教学进行基于混合式理念的教学设计与教学实施，一要开展在线学习资源和教学内容的选取和设计，二要做好在线学习与传统教学的联系。其中，课程设计应当包括：用以指导学习的讲授，课堂面对面的师生交流，关于课程主题的一般性讨论，用于督促和检查学生学习水平的练习题，布置学生可以在课外合作完成的任务。混合式学习模式课堂教学中，教师不能根据学习目标预设好问题和答案，然后通过威胁、压迫的手段灌输给学生各样知识，而应做学生学习的支持者、引导者及合作者，培养学生在需要时获取知识的方法和能力。混合式学习虽以学生的能力培养为出发点，但教师是课程的主导，是收获良好教学效果的关键。

（二）建议

1.高等数学混合式学习教学任务的布置要明确

混合式学习建立在建构主义的理论基础之上，建构主义理论强调学习者的认识起主观积极的能动作用，学习是学生的主动建构，还包括梅里尔提出的"首要教学原理"，学习者只有承担了合适的任务，并知道应该怎样去做的时候，有效学习才会发生。为此，教师布置的任务必须明确、具体、可执行，趣味性能激发学生自主学习的动机与好奇心，让学习者能通过完成具体任务获得知识与技能。这样，完成教师布置的任务对于学习者的自主学习是一种有效驱动力，可以有效地影响学生的学习动机，培养学生良好的数学自我效能感，促进学生充分利用认知策略，高效管理时间，监控调节自己的努力程度，促进学习能力的发展。

2.提高高等数学课程课堂与课下学习的针对性

基于对往届学生高等数学课程学习情况的了解，以及对已有教学经验的积累和总结，将课程、知识、能力进行整合，可将基于"慕课"的混合式学习模式分为两部分，课下学生独立进行"慕课"在线学习，课上在教师指导下对知识加深巩固，课下与课上学习相辅相成。学生根据教师布置的任务，利用网络已有"慕课"资源，对课程具体内容进行独立学习；课上面对面学习中，教师指导学生交流讨论，侧重知识与能力的转化。

3.严格高等数学自主在线学习的监督管理

MOOC发展遭遇的重要问题之一为学习者因缺乏自律性而中途放弃。高等数学课程内容抽象，学习难度较高，这要求教师做到对学生的学习进行整体把握，对课下学习任务的完成情况进行监督，并在课上进行奖惩，激励学生自学能力的养成。同时，课上要对学生课下自学进行加深和补充，启发引导学生积极思考，并且对学生课上、课下具体学习情况进行全面合理的评价。

数据分析及研究结果显示，高等数学混合式教学能够在缩短课时、提高教学效率的同时，提高学生的学习成绩，培养参与学习的热情，加强学生的数学能力。研究中，选取对象的数学能力较强，同时高等数学课程是其所学专业重要的基础课，对高等数学课程足够重视，因此研究结果具有一定的局限性。对于数学能力较弱，对数学课程学习不够重视的学生，混合式学习模式的效果未知。考试成绩只是衡量教学效果及学生数学能力发展的标准之一，学生数学实践能力和创新意识有待检验。

第三节　网络环境下高等数学自主合作学习模式

网络环境下，高等数学教学存在教学内容书本化、教学方式单一等问题。自主合作学习是当代一种富有创意和实效的主流教学理论与教学策略，而网络环境下的高等数学在线资源逐步丰富，因此，为促进高等数学教学改革的有效实施，教师可以构建网络环境下高等数学自主合作学习模式。现代科学技术、课程内容性质和新课程标准为高等数学自主合作学习模式的构建提供了可能，教师可以通过以下路径进行构建：运用现代科技开展教学，结合课程特点开展教学，构建功能强大的学习平台。

自主合作学习兴起于美国，是当代一种富有创意和实效的主流教学理论与教学策略。自主合作学习在改善课堂气氛、提高学生学业成绩和促进学生形成良好认知等方面效果显著，因而很快引起了世界各国的关注，并被人们誉为"近十几年来最重要和最成功的教学改革"。如今，网络环境下的高等数学在线资源逐步丰富，精品课程、视频公开课、MOOC、微课和在线共享课程等无处不在，仅凭一部智能手机，学生即可实现上网、签到和答题等全部功能。为此，笔者针对传统班级教学中存在的弊端，结合高等数学教学组织形式的改革实践，探讨网络环境下高等数学自主合作学习教学模式的必要性，指出传统高等数学教学中存在的主要问题，并提出相应的优化对策，以期为高等数学教学改革的有效实施提供参考。

一、自主合作学习模式概述

自主合作学习是一种以小组为主体，旨在促进学生主体发展的教育教学活动。在自主合作学习模式中，教师将学生合理地分为若干小组，小组成员之间可以合作交流和自主探讨，真正体会知识的形成过程，共同解决学习中的问题，从而加深对知识点的理解和记忆。自主合作学习模式的重点是让小组成员成为知识的探究者，不断激发小组成员发现问题的积极性，引导小组成员主动参与合作学习，促使学习过程成为小组成员提出问题、分析问题和解决问题的过程，真正培养学生的问题意识和主动探索、合作学习的能力，从而提高学生的综合素质，促进学生的全面发展。

在自主合作学习模式下，自主是合作的前提，合作是学习的重要组织形式和促进学生主动合作学习的有效途径。为增强自主合作学习模式的教学效果，促使小组成员按时高效地共同完成学习任务，教师在对学生进行分组时要遵循"组内异质，组间同质"的原则，充分考虑学科特点、学生能力、学生性别、基础知识等因素。为此，自主合作学习模式在应用过程中应重点考虑三个问题：一是突出学生的主体地位。小组是自主合作学习模式最基本的学习单元，小组中学生主体地位的体现极其重要。二是有效培养学生的合作意识。

合作意识是学生之间主动学习、交流探讨、相互启发和促进思想碰撞是否顺畅的关键。三是构建科学合理的评价机制。评价的目的是促进学习，而不是监学。在自主合作学习模式中，小组成员之间可以互帮互助、扬长避短，从而真正促进自身素质的全面提高。

二、高等数学自主合作学习模式的必要性

作为我国高等院校的重要基础课程，高等数学是理工科理论的基础，特别是在大数据、云计算等领域，高等数学有强大的支撑作用。但长期以来，高等数学教学沿袭传统的"满堂灌""满堂问"模式，无法充分发挥促进学生成长和发展的长远价值，无法满足现代化教育事业发展的需要。如今，高等数学教学急需以市场需要的素质和能力为导向，着重培养具有创新精神、能自主适应社会发展的人才。为此，网络环境下高等数学教学改革迫在眉睫。自主合作学习模式对提高网络环境下高等数学的教学质量十分必要，主要表现为：一是有利于高校形成自身的办学实力和特色，并提高高等数学网络教学质量和培养创新型人才；二是有利于调动学生自主合作学习高等数学的积极性，激发学生的学习热情；三是有利于打破高等数学传统课堂教学"满堂灌""满堂问"的局限；四是有利于提高学生适应社会生存的能力，培养学生参与团队合作的能力。

三、高等数学自主合作学习模式的可行性

（一）现代科学技术为自主合作学习提供了可能

网络环境下，自主合作学习模式既可以避免传统课程教学中以教师为中心的现象，又可以改变学生长期处于被动学习的状态。"互联网+"时代，高校更应重视学生各方面能力的培养和锻炼，强调学生个人学习、自主学习、合作学习和终身学习的能力，树立以学生为中心的自主合作学习理念。随着社会经济的快速发展，现代化教育技术的发展和应用有了更多的可能，高校应充分发挥现代科技手段在高等数学自主合作学习中的作用，依托互联网、大数据、云计算、人工智能等新技术，推动高等数学自主合作学习模式创新，实现教育教学效果最大化和教育改革成本最优化。在"双一流"建设背景下，如何充分将互联网与高等数学教学深度融合，是值得深入研究和实践探索的问题。

（二）课程内容性质为自主合作学习提供了可能

在"双一流"建设背景下，坚持以学科为基础是高校学科建设的基本原则。其中，被称为"科学之母"的高等数学更是其他学科理论的基础性课程。高等数学为学生解决实际问题提供了必不可少的数学知识和数学方法，是培养学生思维能力、分析解决问题能力和自主合作学习能力的有效途径。另外，数学教育的本质是素质教育，学生接受的数学训练、领悟的数学思想和获取的数学教养会时刻发挥积极作用，是学生取得成功的关键因素。为此，在强大的内部动机驱动下，学生只有通过自主合作学习高等数学，才能更好地提升自

身的综合素质，激发学生自主合作学习的积极性和自觉性。

（三）新课程标准为自主合作学习提供了可能

传统的应试教育模式下，课程结构比较单一，学科体系相对封闭，难以反映现代科技、社会发展的新内容，导致素质教育不能真正落实。作为国家课程基本纲领性文件的课程标准，是国家对基础教育课程的基本规范和质量要求。新课程标准突破了传统数学课堂的枯燥，以学生为主，注重学生在课堂学习中的积极性和主动性。如今，新课程标准的改革已经逐步实施，高等数学教学改革也必须适应新的课程标准，着重强调课堂教学的有效性，大力培养学生的数学素养和逻辑思维能力。因此，新课程标准为高等数学自主合作学习模式的实施提供了可能。

四、网络环境下高等数学教学中存在的主要问题

（一）教学内容书本化

高等数学的教材没能很好地适应新的社会需求，而是一味地追求逻辑严密和体系完整，教学内容更偏向书本化，剥离了相关概念、原理的现实意义，不利于后续课程的有效衔接，导致很多学生产生了"即使学会也应用不了"的想法。高等数学的很多教学计划、教学大纲、电子教案和PPT课件等内容资料都是依据传统教学模式设计，并没有与飞速发展的现代科学技术有效融合。很多教师没有充分发挥互联网环境下现代科学技术的优势，没有构建有效的师生实时交流互动平台。另外，优质的信息化教学资源比较缺乏，导致网络环境下高等数学教学改革实施缓慢，课程教学效果不佳。

（二）教学方式单一

高等数学的教学方法比较单一，过于注重数学定理的推理和证明，导致数学知识更加抽象，与现实生活中的基本问题存在较大的距离。即便进入互联网时代，很多教师也只是在课堂上增加了PPT课件，这种教学方式本质上与传统的"粉笔+黑板"区别不大。教学中的师生仍处于"教师讲、学生听"的状态，小组合作学习氛围并没有形成，学生只是被动地学习，并不清楚高等数学知识的来龙去脉和作用，无法实现自主学习与合作讨论。另外，受限于教学课时，为了完成授课目标，教师几乎占据了整个课堂教学时间，学生很少有机会提问和交流，课堂实训练习则更少。

五、网络环境下高等数学教学优化策略

（一）运用现代科技开展教学

现代科技灵活地应用于高等数学教学是时代的要求，也是教育革新的要求。例如，教师可以通过微信、雨课堂和千笔教学相结合的方式进行高等数学的混合式教学。雨课堂是清华大学与学堂在线共同推出的新型智慧教学解决方案，它将复杂的信息技术手段融入

PPT 和微信，在课外预习与课堂教学间建立沟通桥梁，让课堂互动永不下线。千笔教学是一款针对高等数学推出的移动学习辅助平台，学生可以利用碎片时间在线轻松完成课堂练习，全面提升学习效果。教师可以直接线上布置和批改作业，从作业批改中解放出来，提升教学效率。高等数学混合式教学的具体操作流程为：课前一天，教师通过雨课堂推送相关学习资料，主要包含教学内容重难点视频、PPT 和课前练习等，并及时收集学生的预习数据，根据预习情况适当调整教学内容；课中，教师采用雨课堂或千笔进行课堂练习实训；课后，教师布置纸质或在线作业，并通过雨课堂、微信和 QQ 等进行答疑解惑。在运用现代科技开展教学时，教学反馈更真实快捷，有利于教师及时调整教学，更有利于学生形成自主合作学习模式。

（二）结合课程特点开展教学

自主合作学习模式要求教师依据教学内容合理有效地将学生划分为若干小组，有助于教师合理掌握小组成员的学习状态，也便于学生之间相互帮助，最终促进高等数学学习成绩的提升。例如，教师可以将微课与翻转课堂结合起来。课前，小组成员在线下观看教学视频；课上，师生之间、生生之间交流并完成作业。在这一教学方式下，小组成员以学习主体的身份自主合作学习，课上通过与教师和同学的实时交流，梳理和整合自己对知识点的理解，从而调动学生学习高等数学的热情。这一方式也有助于学生理解和应用高等数学中难懂的概念、原理和推理证明。另外，在检验教学效果时，教师可以及时掌握小组成员学习高等数学的真实情况，以便适时调整教学计划和开展个性化指导，切实提高教学效果。

（三）构建功能强大的学习平台

功能强大的学习平台是网络环境下高等数学自主合作学习模式教学的基础。高等数学有效采用网络教学平台辅助课堂教学，便于学生形成自主合作学习的环境。其可以弥补传统课堂学习模式存在的不足，有助于提升高等数学的学习效率和质量。例如，高校可以自主研发高等数学网络学习系统，主要板块包括课程介绍、优质课件、典型案例、实时互动、课程作业、在线考核（试）和通知通告等内容。其中，课程介绍模块主要是向不同专业的学生介绍课程教学大纲、教学目标和教学要求等；优质课件模块用于展示章节课件、教学视频等，便于学生课前预习和自主合作学习；典型案例是教学资源库，整合常见问题、典型案例和扩展知识等内容，为学生自主学习提供全面、立体的优质学习资源；实时互动板块采用论坛、微信群或 QQ 群等形式，教师和学生可以自由发起讨论内容，并就疑难内容实时探讨，实现师生之间、生生之间的实时交互，从而进一步激发学生学习高等数学的主动性和积极性。

网络环境下的高等数学自主合作学习模式改变了学生学习高等数学的方式，加强了学生的自主合作学习，构建了泛在的移动学习环境，形成了"人人皆学，处处能学，时时可学"的氛围，真正促进了学生分析问题和解决问题能力的有效提升。

第四节　基于微学习的高等数学混合式教学模式

教育部《教育信息化十年发展规划（2011—2020 年）》明确要求"扎实推进信息技术与教育的深度融合，实现教育思想、理念、方法和手段全方位创新"。移动智能终端的普及和无线网络的大面积覆盖，为在高等数学教学中引入混合式教学模式提供了必要的支撑。

一、基于微学习的高等数学混合式教学模式的研究

基于微学习的高等数学混合式教学模式就是将微课、微信、微学习和翻转课堂充分融合，利用广为接受的新媒体和互动平台，使教学双方进行跨越时间和空间限制的移动化教学活动。简而言之，教师将教学的主要信息资源制作成微课微视频等，通过混合式教学平台呈现给学生，学生利用移动设备等进行自主微学习，课堂上进行交流探讨和教学总结，整个教学过程中师生通过课程微信群进行互动交流。教学实践过程采用与传统课堂逆序的翻转课堂进行教学。

（一）微学习

微学习（Microlearning）是 21 世纪初由奥地利布鲁斯克大学马丁林德纳教授提出的一种以移动网络为依托，利用微型媒体和微学习资源所开展的一种新型学习模式，其具有碎片化、自主化、个性化、泛在化等特征，有利于满足学生的个性化学习需求，是一种高效、自主、便捷的知识传输方式和学习模式，是对传统课堂教学的有益补充。

（二）翻转课堂

翻转课堂（Flipped Classroom）最早于 2007 年出现在美国，其核心理念是课堂由"先教后学"的传统教学模式向"先学后教"的新型教学模式的翻转，通过教学流程的翻转，重新调整课堂内外的时间。从教学设计、师生角色转换、教学活动的组织与管理等方面使学生成为学习的主体，其目的就是让学生学会自主学习，使其课下独立研读思考并完成对知识的内化与迁移。在整个翻转教学流程中，教师不再占用课堂时间，而是在课前利用移动学习平台进行知识或技能的传授，把课堂变为师生或生生互动的场所，师生通过协作探究和互动交流等方式来共同完成教学任务的教学形式，解决了传统教学中学生克服学习中重点难点时教师往往不在现场的问题，即分解了知识内化的难度，增加了知识内化的次数，促进了学生的知识获得，有利于满足学生的个性化需求，实现课堂效率最大化。

（三）混合式学习

混合式学习（Blending Learning）是在 2000 年《美国教育技术白皮书》中首先提出的，但对于混合式学习却没有一个权威的定义，研究侧重不同，得到的答案自然也就会不同。

这里我们认为混合式学习是一种广义上的混合，既可以看成传统课堂教学和网络学习的混合，也可代表不同学习理论的混合，还可视为学习资源和学习工具的混合。教师充分利用各种方法，让学生能够以最适合他们的学习方式参与学习，既发挥了教师引导、启发、监控教学过程的主导作用，又充分体现了学生作为学习主体的主动性、积极性与创造性。

（四）基于微学习的高等数学混合式教学模式的内涵及特点

基于微学习的高等数学混合式教学模式是指在"互联网＋教育"的时代背景下，基于建构主义、人本主义、联通主义等学习理论，立足高等数学教学数字化改革，利用信息时代新的技术手段，通过任务型教学、探究性学习等多种教学方法和手段，按照"翻转课堂"逆序的教学模式体系，实施交错重叠的移动化、开放式、交互性的教学模式。以"翻转课堂"教学流程为主线，结合传统课堂教学的优势，重新调整课堂内外的时间，设计异于传统课堂的教学流程，即教师把教学任务（包括知识传授、解题技巧和练习测试）分成若干微任务做成微课视频上传至网络平台，学生在课前或课后利用智能移动终端进行移动式、碎片化的自主式微学习，完成学习任务，课堂时间则被充分用来进行合作交流、探讨总结等，从而实现师生角色的转换、教学活动的人性化组织与管理、教学评价方式的改革等教学模式的翻转。

（五）基于微学习的高等数学混合式教学模式的目标和意义

这种以"互联网＋"为基础，以"微时代"的各种"微"技术和"微"成果为手段，以"翻转课堂"为途径，利用传统课堂教学的优势，进行与传统课堂逆序的教学流程的混合式教学模式改革旨在继续探索发掘大数据时代下信息技术与高等数学教学融合的深度和广度，根据高等数学教学的培养目标，结合学生的实际能力，进行高等数学教学模式创新。除此之外，其终极目标就是研究构建开放的教学资源环境、实现优质教学资源共享，变枯燥固化的、被动的传统学习方式为更加随机灵活、主动的"微时代"的移动学习方式，促使课堂效率最大化，从而形成高度信息化的、高效自主便捷的知识传输方式、学习模式、数字化的信息管理方式和沟通传播方式，同时也为高等数学的网络化、数字化、移动化、多层次、多角度、全方位学习提供借鉴。

（六）基于微学习的高等数学混合式教学模式的可行性和必要性

移动智能终端的普及和无线网络的大面积覆盖，为新的教学模式提供了必要的支撑。对传统的线上线下互动式教学进一步改进，整合教学资源，充分利用微课、手机等工具，学生可以随时随地进行学习，弥补了课堂教学时间和空间上的不足，让学生可以有更多的途径接受教师的指导。移动互联网海量的教学资源能够极大地满足学生的学习需求，教学形式的个性化、多样化发展趋势使基于微学习的高等数学混合式教学模式成为不可逆转的新常态。该模式有利于解决高等数学教学的现存问题，是突破费时低效的传统课堂瓶颈的关键，必将拥有广阔的应用前景和巨大的发展潜力。

二、基于微学习的高等数学混合式教学模式构建

（一）建构主义学习理论

建构主义学习理论认为，学习情境是知识的有效生长点和检索线索，强调学习者应根据自身知识及经验，对学习内容进行选择、加工和处理，通过"情境"与"协作学习"的相互作用进行自身独特的意义建构获得知识。因此，混合式微学习教学模式的构建，就是把要创建的各类学习情境，制作微课微视频，学生通过混合式教学平台进行课前自主预习、课后主动复习及网络或课堂互动，从而实现新的知识积累。

（二）人本主义学习理论

人本主义学习理论是以人本主义心理学为基础并将其运用于教学研究与实验，它揭示了学习的本质是人的实现自身独特的意义建构，重视学生的自我学习和自我实现，倡导情感因素在学生学习中的重要作用。本节研究的教学模式就是通过混合式教学平台进行交流探讨，构建以学生为中心的情景教学，加强其情感体验，为学生的个性化高等数学学习创设和谐的环境和融洽的教学人际关系，将充分激发学生学习的内在潜能，从而满足"自我实现"的愿望。

（三）联通主义学习理论

作为一种符合现代网络化社会结构的学习观，联通主义学习理论最早是由乔治·西蒙斯（George Siemens）在《联通主义——数字时代的学习理论》一文中提出的。联通主义学习观认为学习不再是一个人的知识内化活动，而是个体与个体、个体与群体，或群体与群体之间知识的交汇融合，汇成新的知识网络，这种知识网络又被回馈给个人网络，提供个人继续学习。在基于微学习的高等数学混合式教学模式的学习过程中，通过网络教学平台把知识以微课、微视频等形式呈现给学生，学习者需要对移动微学习内容进行结构化联结和重组，联通主义学习理论所倡导的"联结、重构和新建"成为该教学模式的核心。

（四）教学模式设计

在具体实施过程中，以学习资源上传和发布学习任务为前提，以学生学习情况的网络监控和数据分析为基础，以课堂交流和归纳总结为核心，以课后微信群反馈互动为关键，形成"线上""线下"一体的混合式教学模式。"线下"部分主要体现在课堂教学方面，改变"黑板+PPT"的教学方式，学生利用手机、网络平台等自主学习微课课件等资源，教师引导学生完成知识点的归纳掌握，组织学生进行讨论等活动，改变了黑板教学枯燥，多媒体教学进度快、学生掌握困难的问题。"线上"部分为学生在线学习情况，平台自动记录学生的在线学习情况，生成在线学习成绩。同时，在作业和试题方面，按照知识点建立题库，系统随机生成作业和试题，学生可以随时进行练习。此外，建立课程微信群，教师和学生通过微信、教学平台进行交流，教师可以对学生及时进行辅导。

在实际教学过程中，在课前、课中、课后三个阶段进行不同的任务，每个阶段都有各自的侧重点。

课前阶段：教师主导，学生主体。教师根据教学目标和教学内容，设计教学方法和步骤，概括重难点，切割学习内容，分解知识点并有序排列，使其具有连贯性和完整性，制作微课，发布课前学习任务单；通过混合式教学平台向学生传送微课，要求学生完成课前自主预习。学生登录混合式教学平台，按照计划进行自主性微学习，完成教师制订的学习目标，并将预习中遇到的疑难问题及时反馈给教师。

课堂教学：以学为主，以教为辅。课堂上，教师认真分析学生的预习反馈，结合教学内容重难点，有针对性地进行解答；同时，作为课堂教学的组织者和引导者，教师组织学生分组讨论，激发学生思维，提升课堂教学效果；根据学生的个人表现以及合作效果进行综合评价，认真进行点评，从而提升学习效率。学生自由组合 5 ~ 8 人为一组的若干小组，小组成员之间或小组与小组之间进行探究式讨论，概括总结并反馈。

课后阶段：师生互动，相辅相成。教师根据课堂上学生存在的共性问题布置作业，巩固所学知识。设计覆盖整个学习过程的教学评价指标，以过程性评价为主，着重评价学生的学习态度和学习效果。最后，教师进行教学反思，总结出混合式微学习教学实践中存在的问题与不足，并为此寻求应对之策。学生归纳整理笔记，养成高等数学思维习惯，完成课后作业，完成知识的内化。

在具体的教学实践中，高等数学混合式教学模式效果显著。实验班同学本学期共访问微课课件等资源 1546 次，访问时长 20539 分钟，提问 26 次，网络讨论 15 次，课堂教学五星评价 43 个。根据线上线下师生或生生互动及学生的参与度与传统课堂教学对比分析，新的教学模式更有利于促进师生的双向交流，激发生生互助的热情，更好地进行协作性学习，而协作性学习又反向推动了学生之间积极的同伴关系的创设，这种同伴关系又对学习产生了积极的影响。从系统时间和目标定位来看，学习时间和学习地点都具有随意性和自主性特点，学习内容碎片化有助于学生快速完成知识迁移和内化的过程，使其学习的内在动力得以激发，学习兴趣和学习能力之间形成了一种良性循环，产生了马太效应，学习能力越强，学习效果越好。从学习需求方面分析，结果显示学生对高等数学知识点和应用技能各个方面都有需求，因人而异。基础差的偏重理论基础学习和计算，基础好点的注重理论证明和实际应用，为了作业成绩满分，很多同学反复练习课后作业，提升了学生的主动个性。简言之，高等数学混合式教学模式充分尊重学生个体差异，实施多元化教学，能够满足学生多层次学习需求。

基于微学习的高等数学混合式教学模式在突出学生的学习主体地位、激发学习自主性、扩展学习深广度、培养多维思考习惯等教学成效方面都具有一定的积极推动作用。从问卷调查的反馈数据来看，学生大多数对该教学模式持肯定态度，基本认可这种线上线下互动、课堂内外互补的教学模式拓展了课堂的广度和深度，实现了课堂多维度有效延伸，是对课堂教学的有益补充，突出了"以学生为中心"，体现了教学的自主化、个性化、泛在化等特征对高等数学学习的积极促进作用。

第五节 基于问题式学习的高等数学教学模式

数学学科一直以来是教育的重要学科，是科学技术的基础，而高等数学作为其中的重要部分，对微积分、空间几何和常微分方程等知识进行深入的研究，能够帮助学生提高空间想象能力、逻辑思维能力以及创新实践能力，对学生今后的职业生涯发展具有重要的帮助。但是高等数学的教学普遍存在效果差，学生成绩差、学习积极性差等特点，成为高校教学中的难点，因此不断地探索新的教学模式是关键。为了响应素质教育改革的目标和核心理念，提出问题式学习的教学方式，通过提问题提高数学教学效果，从而培养学生的创造性思维能力，提高教学质量。

一、高等数学教学中存在的主要问题

（一）教学方式和手段问题

虽然在素质教育背景下，教师在教学理念上不断更新，在教学方式上进行了一些改进，但是在高等数学教学中，很多教师仍然没有从本质上改变传统的对知识理论进行满堂灌的方式，学生仍然处于比较被动的位置。学生没有主动探索知识和问题的兴趣和欲望，习惯了教师的直接灌输方式，渐渐失去了主动思考的能力，也使得高数的学习更加乏味和枯燥。长此以往，学生的实际应用能力和创新能力无法得到提高，对其今后的学习造成重要的影响。此外，在教育手段上，许多教师没有及时进行更新，有的仍然采用传统的书写方式，不仅浪费较多的时间，还使得教学效率比较低；有的采用播放 PPT 的方式，但是老师往往无法掌握播放的时间，不能给学生充足的思考和理解空间。

（二）考核和解惑的问题

大学学习和高中学习有着本质的区别，大学生在学习上与教师的接触时间是比较少的，一般教师只在课堂知识教学中起到主导作用，而对于知识的掌握和理解大多要靠学生的自主学习和探索。而高等数学作为数学学科中比较难的科目，许多学生无法通过自己的学习深入理解和掌握，往往需要教师进行专业性的指导。但实际上很多大学生缺乏与教师的良好沟通甚至在课堂外的时间都不会主动联系教师，在高数上疑难问题逐渐堆积，学生的学习就会越来越困难，学习兴趣也逐渐降低，形成恶性循环。在考核方面，大学学生一般只参加期中考核和期末考核，往往在这个时候临时抱佛脚的现象比较多，而高等数学的学习却不是靠临时抱佛脚就能理解的，所以在效果考核上高等数学的通过率往往比较低。

二、新形势下高等数学教学改革的具体措施

（一）以问题式学习为基础优化教学内容

优化教学内容需要从多方面着手，坚持以提高高等数学的教学质量和教学效率为主要目标，将数学理论知识、实际应用、学生的学习习惯和规律等紧密联系起来，对高等数学的教学内容进行深入的探索和研究，来实现专业化素质人才的培养。以问题式学习为基础，就要将教学内容与实际应用的相关知识和概念进行高度融合，强化具有实际应用背景的知识内容；还要增加问题的探索和探究过程，以此彰显高等数学的逻辑性和复杂性；此外，要培养学生对于问题的分析、判断、推理的能力，能够通过收集相关的资料信息解决高数问题，并通过灵活的、多方向的思考丰富解答方式，培养学生的创新能力。当然最重要的教学内容不能缺少现实问题的应用，对于人口流动问题、交通优化、饮酒驾车问题等，都可以抛给学生利用高等数学的知识进行研究。

以问题式学习为基础优化教学内容，主要是要有利于激发学生的学习兴趣，培养学生的自主探索精神和创新能力，提高学生自主学习和合作的意识，帮助学生能够更好地利用高等数学知识的价值。在高等数学教学中，教育机构已经采取了一些相应的措施，比如对数学教材和辅助资料内容的改编，开始注重以问题式的方法引出相关知识，增强学生的探索意识；在练习题的类型上开始注重与知识相关的开放性问题的设置，达到开发学生思维的目的。

（二）研究和优化基于问题式学习的教学方式

基于问题式学习的教学需要教师打破传统的教学模式，也就是以教师为主体的讲授式教学方法，而要增强学生的主导位置和意识，强化以生为本的教学理念，教师以引导者、促进者以及合作者的角色进行课堂教学。还要结合高数问题的类型、学生的专业特点以及学习心态等情况，完善基于问题式学习的教学内容设计方案和策略，结合引导式、开发式、探究式、参与式等各种教学方式，指导学生对高等数学内容的学习和探索。对于基于问题式学习的教学方式的研究，老师要重视问题的重要性以及发挥问题在高数教学上的作用，对于问题的构建要敢于向课外延伸，积极地引导学生参与解决问题的过程。这个过程就包括对问题的提出、探究、解决等工作，最好是增强问题的实际性和真实性，以便学生能够更好地收集相关的资料，还能培养学生对信息的处理能力，在不断的反思和调整的过程中让学生体验自主获得知识、完善知识结构的过程。例如，将数学建模和数学实验相结合的方式通过互联网进行演示和验证，增加教学效果。

（三）创建和共享基于问题式学习的高等数学的优质资源

在信息技术发展的推动下，基于问题式学习的高等数学教学有了更多的优质教学资源。这种教学方式不能只局限于根据问题实施教学，否则会对学生获取知识的方式和途径造成

限制。在教学过程中应该注重师生之间以及学生之间的相互探讨和交流、合作的过程，这也是将各自的知识资源、思维资源拿出来共享的一种方式，特别是课外时间的探讨和交流对于增强学生对高数的理解和掌握具有重要的意义。所以需要创建一种有利于学生自主学习且以问题式学习为基础的全面、系统的课程资源，还要构建灵活的、实时的交流平台，为学生和教师的自由探讨提供必要的条件。这种平台其实可以发挥更多的作用，如教师可以实时地展示一些实践过程和结果，激发学生的学习兴趣和探索兴趣，促进学生之间的相互启发和鼓励，实现问题和教学改革成果的共享，全面提高教学质量。在实际教学中，基于校园网的课程资源网站、师生互动平台等，有效加强了师生之间的沟通，加强了教师对学生心理、生活问题的重视程度，不断地对学生进行鼓励，提高学生的自信心，帮助学生能够更好地投入到学习中。

（四）有效利用多种解惑和考核方式

虽然通过建立交流网站和课程网站的方式可以增加学生之间和师生之间的交流，但是在实际中，由于网站维护问题和学生的参与问题，这些网站并没有全面发挥作用，所以还需要教师通过不同的方式强化对问题的解答效果。比如建立一些活跃度比较高的微信群，倡导学生进行资源共享，在群里积极发表对高数知识的见解和认知，激发学生共同思考；教师还可以在群里布置与高数相关的问题，引导学生在课外进行探讨和研究，激发学生的学习兴趣，提高学生的积极性。学生还可以通过拍照、文件的方式进行提问，及时地解答自己的疑惑，更能对其他同学起到鼓励和引领的作用，从而形成良好的学习氛围，同时可以鼓励学生互相解决问题，充分发挥每一个学生的长处和价值，增强学生在高数课程学习上的自信心。在学生的考核方面，教师要丰富考核的方式，重视学生的内心需求和情感需求，多在细节上加设考核内容，从细节上促进学生对高数学习的兴趣。例如，对于平常作业的完成度和质量的关注，是非常有必要的，研究显示有很大一批大学生在完成高数作业时有敷衍了事的现象，这对于学生平常的学习非常不利。也可以增加课堂小测验，一方面为了给学生增加一些压力，一方面对于表现优良的学生激发其积极性；还可以对期中期末考核进行综合评价，比如学生态度的转变、成绩的进步等，都可以作为考核的内容。

（五）构建科学、合理的学生评价体系

我国高校的数学教学中，一般对学生的评价是通过期末考试的成绩，这种单一式、一锤定音的评价方式具有许多弊端，过于局限以及具有不全面性。这种明确的考试目标会对学生在学习方式和态度上产生深远的负面影响，如只注重考试内容的记忆，以考试为目标失去了高等教育的真正目的，甚至有的学生整学期不参与学习，一到期末考试前就用临时抱佛脚的方式来应付考试。这种评价标准是与我国教育目标相背驰的，对学生的实践能力、学习能力、创新能力等综合素质的培养没有丝毫的价值。所以建立一种客观的、积极的、全面的评价体系对于学生学习高等数学具有重要的意义。

对基于问题式学习的高等数学的评价体系进行研究和探索，应该注重以下几个方面的

考查：第一，学生平时在教学活动和实践活动中的参与度和积极程度；第二，学生在高数问题的思考、探究以及自主学习方面的表现；第三，学生在课程实验的设计、研究和练习上的表现；第四，学生对于高数知识在开放式问题的应用上，在数学模型的建立和对资料信息进行收集和整理上的能力表现；第五，要注意分层评价体系的建立。还有学生的课外成就，比如实践奖项、竞赛奖项等，都是评价学生的重要依据。

综上所述，基于问题式学习的高等数学教学模式的研究和探索是适应新形势下的课程教育改革，也是有效改善高等数学教学质量的重要举措。高校和教师要对当前高数教学存在的问题进行探究，利用问题式学习的教学模式不断提高教学效率，从教学内容、方式手段、教育资源、评价体系等各方面优化教学模式，促进学生学习能力、创新能力、思维能力和实际应用等能力的不断提高，为国家培养综合性人才。

第六节　基于学习通的高等数学 O2O 混合教学模式

一、高等数学课程的核心地位

以学生发展为中心是世界高等教育共同的理念，课程是解决这个理念落地的"最后一公里"。高等数学课程是大一新生接触的第一门数学类公共基础课，在高等教育中起着至关重要的作用。其一，高等数学课程着重培养学生的抽象思维能力、应用数学的意识和能力及逻辑推理能力。其二，高等数学课程为学生学习物理、计算机、电子、机械等后续课程提供了必要的数学工具。其三，数学是硕士研究生入学考试必考的一门课程，其中高等数学所占比重最大，在数一、数二、数三中都占到 50% 以上。其四，科技是第一生产力，数学是科技的基础，几乎已经渗透到每个学科和领域。高等数学课程可以为学生利用数学建模解决各行业的实际问题奠定坚实的基础，对高校培养应用型与创新型人才十分重要。

二、高等数学课程中引入O2O混合教学模式的必要性

（一）传统教学模式难以适应新时代学生的需求

传统的高等数学课程教学模式以教为中心，很少考虑学生如何学的问题。教师与学生课前基本上无交流，课上互动不但少而且单向，教学形式单一而且鲜少考虑小组协作，课下缺少沟通。传统教学模式消耗了学生的学习热情，长此以往，学生失去了学习的主动踊跃性。因此，传统的单一面对面教学模式已难以满足学生需求，迫切需要教师做出相应的改变。

（二）合理使用智能手机辅助课堂教学

智能手机为学生提供便利的同时，也滋生了课堂上的低头族。管、堵不如疏、导，教师可以借助信息技术，把智能手机变成学生的主要学习设备，辅助课堂教学。

（三）社会和时代的发展对教育教学的新要求

"互联网＋"时代的到来，对教育教学提出了新要求。近年来，教育部出台了多项加强本科教育的政策，如《教育信息化"十三五"规划》提出要通过开发信息化教学工具，改革、创新教学模式，促进信息技术与教育教学的融合。因此，O2O混合教学模式应运而生。O2O混合教学模式，即 Online To Offline 教学模式，是网络课程教学（线上）与实体课堂教学（线下）相结合的一种教学模式。

三、打造O2O混合式教学推动高等数学课堂教学改革

将"网络教学平台＋超星学习通移动终端"引入高等数学课程中，创建线上（自主完成视频内容学习、章节测试及互动答疑等）＋线下（本校辅导教师组织见面课学习）多元混合教学模式，实现教师教学方法的混合、学生学习途径的混合、多维度评价方式的混合，创新教学模式，打造高效课堂。

（一）设计与开发多元化教学资源

设计和开发一系列符合院校发展和学科发展的微课资源，包括教学设计（教案）、课件（PPT）、微视频及章节测试题等。教师还可以筛选爱课程在线学习资源平台上的慕课进行辅助课堂教学，丰富教学资源。第一，微视频。针对院校环境、课程特点及学情，筛选高等数学课程中适合做微课的全部知识点，注意挑选的知识点应尽量与生活实例和专业实际相关，让课程通俗易懂并具有实践性。可以利用 Easy Sketch Pro3、Adobe Presenter Video Express 等软件制作出画面清晰、短小精悍并具有超强吸引力的微视频，学生可以课前利用碎片化时间随时随地进行学习。第二，章节测试。章节测试以选择、填空为主，题目 5 ~ 10 个为宜，随机分配。每章结束后作为任务点发布给学生，不及格的打回去重做。主要是用来加深学生对所学知识点的理解、掌握。

（二）设计并开展多元混合教学活动

第一，考勤方式多元化。传统的考勤方式主要是教师点名，学生答到，让本就课时紧张的课堂浪费了很多时间。教师可以利用学习通进行手势、位置和二维码签到。节约时间的同时，学习通会自动统计出学生的出勤情况。第二，翻转课堂形式多样化。对于适合翻转的知识点，依托学习通，借助翻转课堂实现。教师的身份变为教学资源的分享者、教学活动的策划者、学习效果的评价者，最终提升教师的教学效果及学生的学习质量。对于高等数学课程，适合的翻转形式主要有生讲师评、生问生答、以练代讲等。首先，生讲师评。将学生进行分组，随机选择学生讲解所观看视频的内容，教师从学生学习成果与学习深度

两方面给出评价。其次，生问生答。学生课前观看视频学习，准备好自己拟提出的问题和其他同学可能提出的问题。课堂上分组进行提问和解答，学生依据提问和回答质量进行评价。最后，以练代讲。教师将教学内容设计成测验试题，学生在课堂解答相应题目，教师依据学生答题情况选择重难点进行针对性讲解。通过翻转课堂可以使学生加深对知识点的理解，使学生的自主学习能力得到提高，思维能力得到发展，最终学习效果和质量得以提升。第三，互动方式多元化。通过活动库中的选人、投票、抢答、主题讨论、分组任务等活动，给予学生适当的加分，让所有学生都集中注意力，能有效解决传统课堂教学中学生学习自觉性不强、参与度不足、学习效果不佳等问题。此外，教师可以通过学习通分享一些应用案例及生活中和数学相关的趣闻趣事，让学生真正体会到高等数学是有用的。

（三）进行定量与定性相结合的多元考核评价

在教学评价与反馈上，对高等数学课程采用形成性和终结性评价相结合、学生和教师评价相结合以及线上线下评价相结合的多维度开放式评价。建立健全利于开展混合教学模式的激励机制，实现对学生创新能力和学习能力的培养与提高。

采用 O2O 混合教学模式教学过程中，形成性评价部分比例分配如下：课前观看微视频等教学资料通过学习通线上完成，占比 5%；章节测试限时线下完成，占比 5%；课堂考勤通过学习通限时线上完成，按次数累加，占比 10%；课堂互动环节及学生互评和自我评价，根据学习通的统计数据，由教师给出合理分数，占比 10%；作业线下完成，占比 5%；对应用性很强的知识点（如零点定理、曲率、方向导数等），让学生课后分组搜集应用案例，课上教师进行评价，占比 5%。

多元考核评价方式能够公平、合理、全面地反映学生的学习态度和效果。课程每进行一段时间后，运用学习通提供的问卷功能对授课学生进行问卷调查，并定期导出教学过程中的平台数据，为学生的学习评价及教学质量评价提供基础数据。采用适当的统计学方法进行分析，与对照班进行比较，以此作为评价和改进新教学模式的依据。

教师要不断思考如何从组织课程内容到课堂上的教学方法和课程考核方式，助力信息化教育教学改革和实践。教师应充分利用在线教学的优势，强化实体课堂的互动，引导学生成为课堂的主角，培养学生的团队精神、创新意识和自主学习能力。

第三章　高等数学学习方法

第一节　高等数学的发展历史及学习方法

高等数学是大学理工科、管理学、经济学等专业的学生必修的一门非常重要的数学公共基础课，也是大学生进修硕士研究生时必考的科目。数学一、数学二和数学三在全国统一硕士研究生入学考试中，高等数学知识分别占56%、78%和56%。下面笔者简要地介绍一下数学发展的大致历程，目的是为了使大家更进一步了解高等数学在数学中所占的地位。

第一阶段：数学萌芽阶段。这个阶段起于远古时代，终止于公元前5世纪。这一阶段对数学的发展做出重要贡献的主要是中国、巴比伦、埃及和印度。人类由于长期的生产实践，从而在这个时期积累了很多数学知识，由此逐渐产生了数的概念，出现了自然数和分数，有了比较简单的几何形状，如矩形、正方形、圆形、三角形等；也产生了数的运算方式，如记数方法、数的符号、计算方法等。因为天文观测与田亩度量的需要，促进了几何学的初步萌芽。这些零碎的、片段的知识，既缺乏逻辑性，又没有形成完整的、严格的体系，因此几乎看不到演绎推理、命题的证明和公理化系统，这个时期的几何和数学并未分开。

第二阶段：初等数学阶段。这个时期即为变量数学时期，从公元前6、7世纪开始，到17世纪中叶结束，整个过程持续了2000多年之久。前一阶段与这个阶段的区别在于，前者研究客观世界的个别要素时用的是静止的方法，而这一时期探究事物变化和发展规律时用的是运动和变化的观点，算术、初等代数、初等几何、三角学等在这个时期都已成为独立的分支。现在中学课程的主要内容大多是这个时期的基本成果。许多闻名世界的大数学家在初等数学时期出现，并在数学领域硕果累累，比如祖冲之、刘徽、李冶、王孝通、朱世杰、秦九韶等人。也出现了数学方面相关的著作，尤其是《九章算术》在中国数学历史上甚至在世界数学历史上都占有举足轻重的地位，受到中外数学家的高度重视。我国数学研究在世界上长期处于领先地位。

第三阶段：高等数学阶段。这个时期即为变量数学，开始于17世纪中叶笛卡儿解析几何的诞生，19世纪中叶终止。在这个时期里，伴随着数学中进入了变量与函数的概念，微积分产生了。这个时期虽然也出现了新的数学分支，比如射影几何和概率论等，但似乎都被微积分过分强烈的光芒遮盖了光彩。

第四阶段：现代数学时期。这个时期从 19 世纪中叶开始，以几何、代数、数学分析中的深刻变化为标志。后来代数、几何、数学分析变得越来越抽象，此时几何得到了新发展，扩大了几何的应用范围和对象，产生了非欧几里得几何，提出了无限维空间的概念。代数扩展了所研究的"量"，提出了群、域、环和抽象代数。分析中也产生了新方向、新理论，如实变函数论、函数逼近论、复变函数论、微分方程定性理论、泛函分析、积分方程论等相继出现，促进了分析学的发展跃上了一个新阶段。

大家了解了高等数学的发展历史过程后，再来谈谈大学生怎样才能学好高等数学，主要从以下五个方面来论述。

（1）一个高中生进入大学后，要尽快适应新的环境，不仅从心理上适应，同时还要注意中学时学习方法的改变。进入大学学习后，学习方法上将需要进行很大的转变。首先会不适应大学的教学方式方法，对于高等数学这门课反应非常明显，由于这门课对于大一新生来讲理论性特别强，而他们在中学习惯于单一性和模仿性的学习方法，这是一直以来形成的习惯，一时之间很难改变。大学的教学方式方法与中学千差万别，中学的学生是在教师的直接指导下实施单一的学习和模仿，而大学生进行的是创造性学习，比如，中学生学习数学是完全按照课本的内容，学生在课堂上听教师讲课，对记笔记不做要求。教师讲课慢而且详细，举的例题多，课后只要求根据课上讲述内容会做课后习题即可，对学习其他参考书不做要求。

（2）大学生要注意高等数学与中学数学的区别和联系。中学数学的课程主要是从具体数学转变到概念化数学的，中学数学课程以为大学微积分做准备为宗旨。数学的学习过程是由具体到抽象，再由特殊到一般的渐进过程。由数延伸到符号，即名称为变量；由符号之间的关系延伸到函数，符号代表了对象之间的关系。高等数学首要做的是帮助学生建立变量间关系的表述方式，即函数概念。中学生的理解力是从常量延伸到变量、从描述延展到证明、由具体情形延伸到一般方程，由此解开了数学符号的奥妙之处。

（3）为了适应 21 世纪的教学改革，对高等数学课程的教学也做了很大的改变，打破了传统的教学手段，加入了更加形象化和具体化的现代教育技术，一般中学并不具有这样的条件，故大一新生既要注意中学数学和高等数学内容的联系与区别，又要了解高等数学教学上有哪些新特点。按照上课教师的严格要求，认真学习高等数学的每一节课。

（4）由于高等数学具有严密的逻辑性和高度的抽象性，不可能全靠教师课堂上的讲解，学生就能全部掌握。有些内容一时很难掌握，比如三大微分中值定理、不定积分、无穷小和无穷大等，这需要每个同学反复思考、反复琢磨、反复钻研、反复训练。要想从一无所知到一知半解再到牢固掌握，需要比较正反例子，从中悟出一些道理。

（5）学好高等数学做大量的习题是十分必要的，是非常有效而且是最为重要的手段。当代著名数学家，也是教育家波利亚指出："智力是人类的天赋，而解题就是智力的特殊成就，可以说人类最富有特征性的活动就是解题。"做习题是复习、听课的继续，也是为了检验自己复习、听课的效果，更是提高运算能力的培养，是综合运用所学知识去分析和解决问题的重要方式。有些同学做习题前根本不复习，认为只要能做出来就行了，事实并非如此。首先，习题的内容并不能涵盖所学的全部知识点；其次，建立起有关知识的系统结构并不能仅靠做习题；最后，做习题前不复习，常常是做到哪儿，就翻到哪地方的书、笔记，造成的结果是作业做得既慢又差，自此以后一旦脱离笔记和书本，就会感到无所适从，一片茫然。必须指出的是：学习方法不是唯一的，没有完全固定的模式。怎样学习效果最好，还要因人而异。就如同我国著名的数学家陈景润所言，"学习要有三心：一信心，二决心，三恒心"。做题也不能完全只靠一个人在那儿苦想，有时候钻了牛角尖，走进了死胡同就会很难从中走出来，如果自己实在做不出来，可以问问同学还有老师，很可能就茅塞顿开、豁然开朗了。已经做过的题目，如果自己觉得题目很典型，可以把它记录在笔记本上，重点解析解题过程，分析其中的思维方式等，空暇时间可以翻看一下，进一步加深印象。学习高等数学不单是为了考试考得好，主要还是要研究其中的逻辑思维性，因此不能以解出答案为目标来学习。

第二节 远程教育学生高等数学课程学习方法

高等数学是国家开放大学理工类专业学生必修的重要基础理论课程，远程教育学生普遍基础较差、工作和学习之间时间分配不均等问题，导致许多学生感到学习难度大、解题思路不清晰，降低了学生的课程学习效率。为提高该课程的成绩，根据远程开放教育高等数学课程的教材及主要学习内容、高等数学课程特点，学生应根据自己的实际情况，找出高等数学这门课程的学习方法。

一、远程开放教育高等数学课程的教材及主要学习内容

国家开放大学远程教育高等数学课程采用的教材是由中央广播电视大学出版社出版的《高等数学》一书，由柳重堪主编，该教材在保持原教材的基础上进行了一部分修编，目的是为了更好地适应开放办学以及学生远距离学习的需要。该教材内容共分十二章，教材每章前都撰写了开阔视野、扩展思维空间的导读内容，提出了学习目标和学习重点，教材每个章节后面都安排了自我检测内容，并规定了完成时间，以方便学生及时检验该部分内容的学习效果。

远程教育高等数学课程教材分为三册。第一册为一元函数微积分，第二册为无穷级数和常微分方程，第三册为多元函数微积分。从高等数学课程三册课程研究对象上来看，微积分学是高等数学课程的主要学习内容，函数是微积分研究的基本对象，极限是微积分的基本概念，微分和积分是特定过程特定形式的极限。

二、高等数学课程的特点

数学是一切学科的基础,人类的所有活动几乎都与数学有关。作为一门基础性课程,高等数学显得尤为重要。高等数学有以下几个特点:高度的抽象性,它是高等数学这门学科最基础、最明显的特点。高等数学表面上看起来与现实生活有一定的距离,学生学习的时候,看到的只是表面的概念、公式和定理,无法把抽象的定理和实际的生活结合起来,这就要求学生在学习高等数学课程的时候,化抽象为具体,学以致用,把抽象的理论具体化。严密的逻辑性,其是指在数学学习的过程中,无论是计算和证明,还是归纳和总结,都要运用逻辑思维能力,遵循数学的固有规律。例如,定理的证明,并不是因为找不出反例或者是根据以往的生活经验而成立的,而是根据已知条件和其他定理,用严谨的计算法则、推理方法、逻辑思维证明出的结论,可以说学习高等数学不仅仅是学习的过程,也是锻炼自己思维方式的过程。广泛的应用性是高等数学的另一特点。例如,函数可以表述火车在行驶过程中,其行驶的路程与所花的时间的函数关系;导数可以定义自由落体运动的物体在下落过程中做匀加速运动时每一瞬间的速度,等等。

三、高等数学课程学习中几个重要的学习方法

高等数学课程是工科类学生必须掌握的、很重要的、难理解的基础理论课程,由于学生基础薄弱,对这门学科的学习探究还有很大难度。学生应该从以下几点来加强高等数学课程的学习,以提高学生学习高等数学课程的效率。

(一)重视兴趣培养

良好的学习兴趣是学好高等数学的直接动力,很多时候,学生考试成绩不合格,可能在于学生的学习兴趣不足。因此,学生要想提升高等数学的学习成绩,首要任务是积极培养学生的兴趣,端正学生的学习态度,合理地对学习时间进行有效的规划和利用,针对自己的学习习惯和课程内容,活跃兴趣心理成分,并根据自己的实际情况调整学习方法,通过培养外界兴趣因素找到最佳学习方法。

(二)重视自主学习

自主学习指的是在自我意志基础上建立起来的对内容理解以及逻辑架构的能力和意识。远程教育高等数学课程课时安排较少,但内容抽象繁多,要在短时间内真正地掌握知识是有一定困难的。国家开放大学高等数学这门课程设计的教材弥补了这一不足,为远程教育学生自学提供了很好的指导,学生可以根据教材主动进行学习,在学习中和教师、同学多交流、多沟通,以弥补远程教育没有面授课程的不足。

(三)重视课前预习

在学习高等数学课程之前,可以通过课前预习先明确学习目的,了解课程的重点与难

点。重点阅读定义、定理和主要公式，提前找出自己的疑问和困惑，带着疑问学习，提高学习效率。通过预习也会知道哪些是重点、哪些是自己认为的难点和疑点，并能深入地思考这些重点、难点和疑点。

（四）重视辅助教学手段

远程教育有着非常多的辅助学习手段，学生应该在课余时间充分利用网络媒体、手机APP等现成资源，在国家开放大学学习网上下载教师讲课的视频、电子教案及相关复习题，进行高等数学课程学习。

（五）重视辅导答疑

辅导答疑是学习高等数学课程一个非常重要的环节。国家开放大学开设的每门课程都有任课教师在线值机，由于数学理论相对较难、教学课程难点较多，在学习环节中学生可能会出现很多疑问，同学之间能够解决的问题是少数的，更多的问题应该及时请教教师，通过在线值机辅导答疑把疑问解决掉。

高等数学课程学习是一个循序渐进的过程，学习方法有很多种，每个学生的学习习惯和思维方式都不同，应尽快找出适合自己的学习方法，提高高等数学这门课程的成绩。

第三节　高等数学研究性学习方法

当前，高等教育的改革已进入"深水区"，创新教育是高等教育深化改革的主旋律。创新教育的本质是培养具有创新能力和创新意识的高素质人才。如何培养具有创新能力和创新意识的高素质人才，已成为当前的热点问题。随着对这一问题探索研究的深入，人们普遍认为，研究性学习方法对具有创新能力和创新意识的高素质人才的培养具有十分重要的意义。所谓研究性学习是指学生凭借书本知识，在教师的指导下，运用科学研究的步骤和方法，自主地发现和提出问题、讨论和解决问题，逐步形成独立思考、善于发现、勇于创新的实践能力。研究性学习使高校教育从外部的"教"转向内在的"学"，高等教育的使命转变为使人学会学习，借以充分发掘每个学生的所有潜力和才能。虽然高等数学课程的改革取得了许多成果，但是任何课程的建设与改革都必须随时代的变化而不断融入新思维、新理念、新方法和新内容。摆在我们面前的一个重要课题是：在基于创新教育的理念下，如何在高等数学教与学中引入研究性学习？

一、高等数学研究性学习的内涵

要在高等数学教与学中引入研究性学习，我们必须准确地把握高等数学研究性学习的内涵与外延。我们认为，高等数学研究性学习是指学生依据高等数学教材，在教师的指导下，通过观察、思考，将不同背景的具体问题转化为数学问题，然后运用数学思维方式去分析问题，利用数学理论与方法去解决问题。从高等数学研究性学习的定义中我们不难发现：高等数学基础理论是研究性学习的基石，数学的思维方式是研究性学习的关键，数学研究方法是研究性学习的保障。高等数学研究性学习并不仅仅局限于解高等数学习题，而是指一个特定的过程，即解决不同背景的实际问题的全部经过。高等数学研究性学习与传统的高等数学高效学习方法有着本质的区别。传统的高等数学高效学习方法是被动地接受高等数学知识，高效快速掌握数学理论与方法是高效学习方法的目的，而高等数学研究性学习是基于问题驱动的学习方式，为解决问题主动探求高等数学知识。解决问题是高等数学研究性学习的目标。在传统的高等数学高效学习中，学生是绝对主体，教师只是外因；而在高等数学研究性学习中，教师与学生是地位平等的合作者。高等数学研究性学习与传统的高等数学高效学习方法并不矛盾。一方面，传统的高等数学高效学习方法对学习高等数学基本理论和方法十分有效，而高等数学基础理论是研究性学习的基石；另一方面，高等数学研究性学习又激发了学生高效学习的积极性和主动性。

高等数学研究性学习的目的是为培养学生的创新精神，它不以现成的高等数学知识授受为目的，重在培养学生的创新精神与探究能力。它使学生有可能在更高层次上开展学习，能有效激发学生学习的积极性。

二、基于研究性学习的高等数学改革

高等数学研究性学习并不只是学生的学习过程，教师在这一过程中与学生处于同等重要的地位，并全过程参与。高等数学课程体系的改革，涉及许多方面，笔者仅从教师的角度讨论以下几个方面的改革。

（一）改革教学理念，将知识传授与方法引导相结合，教师以合作者的身份参与学生的研究性学习

高等数学研究性学习无疑是教师的执教和学生学习理念的一次重大变革。它摒弃了过去应试教育的"以教师为中心、以高分为目标"的传统教学模式，真正坚持"以学生为中心、以能力培养为目的"的教育理念。对于学生而言，高等数学的学习不单是高等数学知识的理解和运用、考试成绩的高低，更重要的是能力的培养。要将这一改革落到实处，高等数学教师必须端正执教心态，提升自己的服务意识。高等教学教师要做到如下两服务：高等数学基础知识与基本方法的教学服务于学生整体知识体系的结构，做到因人施教；高等数学教学方法的指导服务于学生研究性学习的要求，做到因材施教。

（二）改革高等数学知识结构体系

高等数学知识结构体系主导着教师的高等数学教学过程和教学方式、方法，也主导着学生对高等数学的学习。现行的高等数学知识体系，是应试教育"以教师为中心"的传统教学模式下的产物，既不适应现代科学技术飞速发展对高等教育的要求，也不适应高等数学的研究型学习方法的实施。新的高等数学知识结构体系的重点是数学方法、数学逻辑和

数学思维方式的传授，它要求充分利用现代先进的计算工具，避免复杂的计算和推理，更多地体现"以学生为中心"，以利于研究型学习为主导，充分体现能力培养和素质教育。

（三）基于研究性学习的高等数学学习方法指导的改革

对于高等数学学习方法，有人曾总结为十六字方针，即"课前预习，课堂学习，课后复习，及时练习"。在提倡素质教育的今天，特别是在研究性学习的前提下，这一方法是非常不完善的。一方面，这一方法强调的是在教师引导下学习书本知识，方法的重点在于课堂上认真听讲，学习的主动权归于教师，而学生只是被动地接受知识。另一方面，基于研究性学习高等数学教学的宗旨是培养学生的逻辑思维能力、创新能力，解题过程是知识的再创造过程，而这一方法突出的是提倡对书本知识的记忆，强调高等数学理论知识的逻辑性和计算方法的技巧性，而不是强化学生对数学理论知识的理解、系统化和数学素质的培养。为此，笔者认为对基于研究性学习高等数学学习方法与学习方法指导进行研究是非常重要的。同时，笔者提出学习方法指导的新模式，即建立课前、课堂、课后指导的连续模式，改革学习方法指导内容，改变过去教师单纯指导学生怎么做题，怎样掌握理论知识、计算技巧的模式，将其转变为教师与学生相互讨论，教师首先了解学生对这一问题是怎么样思考的或怎样做的，同时不要轻易否定学生的做法和想法，然后引导学生思考问题、分析问题，对所涉及的概念进行联想。

（四）改革陈旧的考评体系，全面评价教与学

高等数学"一考定优劣"的考核模式到了非改革不可的地步，建立基于研究性学习的高等数学学生考评体系已迫在眉睫。笔者认为，制定基于研究性学习的高等数学学生考评体系的基本原则应该包括以下几个方面：公平原则。公平是确立和推行课程考核制度的前提。不公平，就不可能发挥考核应有的作用，不能正确评价学生的学习情况。严格原则。考核不严格，就会流于形式，容易弄虚作假。这不仅不能全面反映学生的真实情况，而且会产生消极的后果。考核的严格性包括明确的考核标准、严肃认真的考核态度、严格的考核制度与科学而严格的程序及方法等。联合考评的原则。将研究性学习纳入考核内容，要体现公平原则，这就要求考评人具备多学科知识，必须多学科联合集体考评。结果公开原则。考评成绩对本人公开，这是保证考评成绩民主的重要手段。一方面，这可以使被考核者了解自己的优势和不足，从而使考核成绩好的人再接再厉，继续努力学习；也可以使考核成绩不好的人心悦诚服，找出知识或能力的短板，努力补齐。另一方面，这还有利于防止考试中有可能出现偏见与误差，以保证考试的公平与合理性。客观考评的原则。考评应当根据明确规定的考评标准，针对客观考评资料进行评价，尽量避免掺入主观性和感情色彩。

高等数学课程体系的改革是一项系统工程，本节仅就什么是高等数学研究性学习，高等数学研究性学习与传统的高等数学学习方法的区别做了一些探讨，在基于研究性学习的高等数学教学改革在几个特定的方面进行了有益的研究，为进一步深化高等数学教学改革做了些有效工作。

第四节　高等数学云教学方法

在互联网时代，云计算技术拓展到教育领域。依托云计算技术，设计和运用信息化教学系统的教育教学方法——云教学法应运而生，某校自 2015 年以来一直致力于探索高等数学云教学的实施方法，2020 年春数学教研中心积极利用前几学期就初具规模的大一智慧平台开展高等数学相关课程的网络教学工作。

如何让高等数学云教学更有效地发挥作用，让学生在网络教学期间获得更多、更有效的学习成果是一线教师当前面临的主要问题。本节将立足于云教学期间本中心实施的云教学案例进行总结和归纳，并提出对应不同层次的学生、不同的教学科目采取不同的网络教学手段，以期给广大同仁有效的参考和建议。

一、修订不同性质数学课程的网络教学大纲

在学校确定全面实施高等数学云教学后，我们依据各门数学课程性质的不同、学生层次的不同来修订各课程的网络教学大纲，将知识点碎片化后进行网络教学。

（一）修订知识难度大的数学课程的教学大纲

例如，微积分Ⅱ、离散数学等知识难度较大的数学课程，教学大纲中明确提出要摒弃以往逐个知识讲授的方式，有针对性、选择性地授课。制订教学计划前，教师要充分了解学生所学专业对本课程的要求，了解学生基础以及对本课程的接受程度，选定适合学生专业和学生特点的知识进行教学，将以前传统教学中的一大块知识碎片化，切分成小块知识点，教学前几周要缓慢切入知识点，避免贪多嚼不烂的现象，让学生逐步适应网络教学的节奏。

（二）修订知识难度较低的数学文化课程的教学大纲

例如，数学思维方法、数学史等数学文化课程，知识难度相对较低，学生可以从多渠道获得学习资源。教学大纲中明确提出每次授课要结合数学某个分支学科的起源与发展，讲述一段经典的数学历史或以实际问题引入，然后展开到一个数学专题上。通过"数学故事"阐述数学思想和数学的应用，介绍数学史上是怎样发现问题、解决问题，借此展现数学思想和数学的思维特点。在培养学生数学思维方式、增强数学审美意识的同时，也适度地向学生介绍一些现代数学知识，让学生了解世界数学发展现状和我国数学发展现状，激发学生的爱国强国热情，强调数学学习和数学发展的重要性，从数学文化角度加强"课程思政"的实施。

二、基于学生反馈不断修订教学策略，提高教学质量

（一）课前分割好知识点，评估知识点难度，采用不同教学手段

在全面云教学期间，我们分别向教师和学生发布了教学相关情况的问卷。经问卷调查发现，教师提供的教学视频 50% 来自中国大学慕课网，30% 来自哔哩哔哩网站、超星泛雅、优酷网等其他资源，还有 20% 由教师自己录制。经教学反馈和调查问卷发现，对于学习难度高的高等数学课程，45% 的学生更倾向于听老师录制的视频，35% 的学生喜欢老师亲自直播教学。

基于以上调查结果，教师需要在课前精心备课，提前分割好知识点，评估知识点难度。利用课前导学，确定教学目标和教学任务，课中对有难度知识点进行直播讲解，特别强调该知识点的学习思路和学习方法。同时教师还需提供来自其他资源的精品教学视频，供学生反复观看。对于知识难度低的课程内容，我们主要推荐贴合教学大纲的慕课视频进行教学，让学生通过视频学习来获取知识，这样有利于培养学生的自主学习能力，让探究式学习效果得到提升。

（二）不同层次学生采用不同的网络教学手段

学生层次不同，学习习惯和学习的依从性不一样。采用不同的网络教学手段会有更好的教学效果。

对于本科层次的学生，学习习惯好、学习服从度高、主动学习能力强，教师可以提前给出预习内容、学习目标等，学生会比较好地完成学习任务。对于难度高的知识点，教师引导学生去学习和讨论相关视频的内容，同时提出需要深度思考的问题，深化学习效果。

对于专科层次学生，学习服从度低、主动性差，在网络教学过程中教师要高度约束学生，定时签到和提问。除了采用课前导学，确定教学目标和教学任务，课中对有难度知识点进行直播讲解外，还要及时吸收学生反馈。同时问卷调查显示，60% 的专科层次学生喜欢在 QQ 群互动、抢答，所以教师要积极利用 QQ 群进行在线抢答和答疑，营造学习气氛，强化学习效果。

（三）依据课程性质不同，采用不同云教学手段

某校数学类相关课程分为数学文化类课程和高等数学等知识类课程，课程性质不同，学生面临的知识难度不一样，采用的教学手段也不一样。

对于数学文化类课程，教师采用上课直播时间给学生讲解主要知识点，然后给出优秀视频链接的方式，让学生根据主要知识点去完善细节知识学习。在学习过程中教师随时回答学生提出的问题，并辅以抢答题环节，提高学生学习兴趣，引导学生主动学习。另外课后布置丰富的、有针对性的测验题，强化学习效果。

对于高等数学等知识类课程，教师采用课前分割知识点的方法让学生提前预习，课中

对传统的例题和难点进行讲解，同时同步录屏，上传到云教学平台，以备学生随时回放学习，课后辅以云教学平台的智能练习，整章结束后再加上习题课等形式。同时提供优秀的慕课视频，让学生利用自己碎片化的时间进行学习，巩固学习成果。

（四）学习结果考核是检验学习成果的必要手段

科学、合理的考核评价制度对学生的学习会产生很好的引领作用。我们根据课程性质不同，建立不同类型的试题库。例如，微积分题库、线性代数题库、离散数学题库、数学文化课程题库等。题库里题目总数超过 3000 道。同时学生可以自主学习，反复利用大一智慧智能练习功能进行强化学习。老师利用大一智慧题库组建在线测验检验学生学习成果，方便掌握学生的学习情况，并对检验中突显的问题进行答疑解惑。对教师的教学质量调查问卷中显示，90% 的教师在每周学习结束都会布置针对性测验。

同时完善过程考核制度，在教学大纲中规定学习过程合适的分数比例，利用大一智慧平台记录学生学习过程，对过程进行考核评分，让学生注重学习过程，避免学生跳过学习过程直接进入测验。

三、云教学在线考试防作弊对策

学期末，某校组织实施了高等数学相关课程的期末在线考试，线上平台期末考核的具体组织实施过程细节非常重要，通过学生的在线考试情况，笔者总结了以下两点经验。

（一）线上考试与线下考试的区别

线下考试通常由教务处统一时间、统一组织，多位教师监考，不容易作弊，即使作弊，也多限于选择题、填空题、判断题等客观题。而线上考试不同，没有教师进行实时监考，网络资源丰富，学生的作弊手段主要是通过电脑、手机等电子设备进行交流、查询。

（二）线上、线下考试的出题策略

基于线下考试和线上考试的不同，笔者认为应该采取不同的出题策略，规避学生的作弊行为。调查发现，线下考试时，选择题、填空题、判断题等客观题占 30%~50%，计算题、简答题、应用题等主观题占 50%~70% 的比例，防止学生线下作弊。

对于线上考试，这个比例应该有所更改，建议采用选择题、填空题、判断题等客观题占 70%~90%，计算题、简答题、应用题等主观题占 10%~30% 的比例，同时客观题的题目数量应加大，精准计算学生做题时间，防止在线作弊。

调整客观题和主观题的比例主要原因是线上考试中主观题用图片形式非常方便交流和传递。而现在的在线云教学系统中有对客观题的防作弊手段，题目随机排序，答案随机排序，这样设置可以有效防止学生实时快速传递答案。

另外对于数学文化类课程，可以在主观题部分设置一些开放性题目，学生可以通过自己的思考来完成题目作答，也可以通过查阅资料来回答问题，而不是确定的答案。这样既有利于防止学生作弊，又有利于拓宽学生视野，培养学生的数学素养。

四、学生云教学情况反馈及问题分析

在云教学期中和期末时段，数学教研中心为了解云教学的真实情况以及学生使用云教学的真实感受，以期未来改进云教学方案，随机抽取 400 名学生做了一次问卷调查，收回有效调查问卷 325 份。

首先，调查了学生对各种云教学方式的感受，35% 的学生选择网络直播，45% 的学生选择自己的教师录制视频，20% 的学生选择其他方式。这样的结果表明学生更加倾向于直播课堂的形式或者自己老师的录制视频，慕课视频自学的教学方式普遍不太容易接受。这说明学生更喜欢有互动和有温度的教学方式，网络资源不能替代教师教学。

其次，对学生学习状态进行了调查，学生普遍反映家里学习氛围比较差，自我管束能力不强，对电子教材以及网络流畅度不够满意，尤其对当前的作业量不满意。这个问题反映大部分学生的自我把控能力较弱，需要在有约束的学习环境下才有更好的学习效果。

最后，对"你认为影响学习效果最主要的因素是：A. 教学方式，B. 老师引导，C. 自身原因"进行调查，58% 的同学认为教学方式重要，42% 的学生认为自身原因重要。所以在云教学期间，教师要注重对教学方式的设计和实施，才能有效提高学生学习效率。

五、关于高等数学云教学实施的几点建议

通过以上分析，笔者对高等数学云教学提出如下几点建议：

高等数学云教学要依据学生层次、课程性质制订合适的教学大纲、教学计划。贯彻"以学生为中心"理念，高等数学类课程在云教学过程中应该依据课程性质不同、学生层次不同来制订适合学生的教学大纲和教学计划，贴合学生的学习实际情况，不能一味追求课程的全面性和逻辑性。

根据学情灵活组织和实施高等数学云教学。在课程实施过程中，教师要多调查和分析学生的学习情况，根据学生反馈灵活组织云教学。结合直播、抢答、答疑、推荐精品课程资源等多种形式组织云教学。云教学课堂直播的过程中，由于学生和教师距离太远，教师很难对每个学生进行有效监管，学生在家上课容易被其他事情吸引，一不小心就变成了教师一个人的表演，因此上课过程中应加强学生和教师之间的互动。

完善过程考核，组织精密的结课考试，进行必要的学习结果考核。没有结果考核的学习都是无的放矢，对学生进行必要的学习结果考核才能调动学生的学习积极性。同时也不能"唯结果论英雄"，加强过程考核可以多元化地考核学生，并且防止作弊等行为发生。在组织期末结课考试时，教师需要分析课程性质和课程难度，结合云教学平台的记录，设置合理的试卷题型和考试时间，能有效规避学生的作弊行为，严肃考试纪律，纠正学风考风。

在"互联网 +"背景下，网络在线课程作为网络教育信息化的灵魂，以网络这一信息载体，可以跨越空间及时间传播、共享教育资源，使用户可以随时随地地接受知识传输。

这诸多优点促使我们在未来仍将继续探索高等数学相关课程实施云教学的方法，将其与线下教学有机结合，积极实践探索，寻找更优质的教学方式和方法，为高等数学教学提供有效的参考。

第五节　思维导图优化高等数学学习方法

高等数学是高等院校各专业必修的一门基础课，这门课程是以高中数学为基础的学科，与大学数学学习内容也有不少交叉知识点，但是，随着数学学习的深入和抽象概念的增多，部分学生对高等数学产生了厌倦心理。当接二连三出现新的知识点时，加上有些学生自身的数学基础薄弱，使得高等数学成为高校的"网红"挂科课程。"力的作用是相互的"，高等数学的知识点零散又抽象，在有限的授课时间内只讲授新的知识就已经很紧张了，如何梳理知识点，培养学生的逻辑思维能力，使学生掌握高等数学的基础知识，提高学习效率，是每位教师应该积极探索的问题。从大学生的角度来看，如何提高学习主动性，串联起数学学习知识点，而不是依靠死记硬背，才是大学生应该认真思考的问题。

一、思维导图概述

思维导图（The Mind Map）是表达发散性思维的有效图形思维工具，采用图文并重的手段将思维形象化的方法。思维导图可以把各级主题关系用相互隶属于或相关的层级图表现出来，这种层级图是放射性的，把主题词与图形、记忆连接起来，是极具逻辑性的"个人数据库"。

英国心理学家 Tony Buzan 自 20 世纪 70 年代创建思维导图至今，思维导图已经广泛地应用在生活、学习、工作的任何领域。形似神经元，将焦点集中在细胞体上，主题犹如树突或轴突般向四周放射，关键词写在线条上，帮助大脑掌握整体的内在联系。茅育青等人在《思维导图在成人教育教学中的应用》一文中指出了思维导图的制作技巧：一是要理清思路，抓住重点，制作时保持思维的流畅性；二是把握细节、反复推敲，完善思维导图。

二、思维导图的应用

有些学生经常抱怨高等数学难学，其实，高等数学的知识点虽然零散，但是是有条理的，各个章节的概念和定理之间都有着密切的联系。高等数学教材分上下两册，上册是在高中数学的基础上学习一元函数的极限和微积分，下册通过空间解析几何和向量代数，将一元函数微积分学推广到多元函数微积分学。在灌输式教学下，虽然不能调动学生学习的积极性，但是基础知识对学生来说是可以掌握的。然而，学生长期处在被动式学习中，课后没有将注意力集中在事物的关键点上，无法建立一个完整的知识框架来明确知识点之间的联系。

将思维导图用于数列极限和函数极限，描述思维导图在微分方程和空间解析几何中的应用方法。对学习下册知识点的学生来说，这两个模块的内容更为复杂。

（一）思维导图在微分方程中的应用

函数是客观事物的内部联系在数量方面的反映，从小学到高中，我们学习了许多函数，如幂函数、一次函数、一元二次函数、指数函数、三角函数，等等，对于这些函数，我们熟知于心。导数是研究函数变化率的函数，利用公式和法则就可以将函数的导数计算出来。函数和导数都是高中数学学习的主线，学生在题海中通过磨砺学到的知识，是会牢牢记在心里的。

高等数学中有一个将函数和导数联系起来的方程——微分方程，让许多学生谈"微"色变，这么谙习的知识，放在一起反而让人陌生了。不仅是因为微分方程的分类较多，更因为不同的微分方程有它所对应的解法。微分方程体系庞大，不善于总结的学生学后容易忘记，方法也容易混淆。微分方程是一个有机的整体，采用思维导图串联起微分方程所有的知识点，使不同的微分方程和所对应的解法都能清晰可见，学生的脑海中会呈现一个简洁的图表，在解题时对微分方程的种类和解法有一个整体的思路："是什么，怎么求。"图表是灵活的，思维是可伸展的，根据自己的兴趣爱好和对微分方程的理解，思维导图的绘制可以更加全面，可以更适合自己，引导自己学习，培养自己的探究精神和创新精神。

（二）思维导图在空间解析几何中的应用

向量与空间几何是高中数学施行《普通高中数学课程标准（实验）》后引入的内容，在高中基础上拓展的向量代数与空间解析几何部分是多元函数微积分的基础知识，两者之间有交集，也有区别，部分概念被提及，但是没有明确。对于基础较为薄弱的同学来说，概念的增多会使学生的学习变得更加困难。笔者曾布置过数量积与向量积的作业，也布置过平面和直线方程的作业，批改作业时发现很多学生混淆了数量积和向量积的计算方法，不止一个学生将直线方程与平面方程的解析式记错。青年人的记忆力、理解力和思维力正处于上升期，建立思维导图，引导他们对高等数学知识内部结构有个整体思路，才不会解题时"眉毛胡子一把抓"。

思维导图对学生学习高等数学，对教师优化高等数学教学有着明显的促进效果。思维导图的意义在于使学生在错综复杂的思绪里找到一条可以贯通高等数学知识的线，建立起一个系统的关系网，当学生在学习中有了疑惑，就可以顺着这条线找到正确答案。利用思维导图完成知识点的衔接，学生的思维逻辑能力也会得到大幅度的提高。

第四章 数学文化与大学数学教学的融合

第一节 文化观视角下高校高等数学教育

近年来，我国教育体制改革深入实施，各所高校逐渐增加对高等数学教学的重视程度。数学文化作为人类文明的重要构成，是高数教育和人文思想的整合。高校要想提升高数教学质量，应注重数学文化的渗透，并深度掌握数学文化的特征。本节通过分析文化观视角下高校高等数学教育价值，以及数学文化特征，探索高校高等数学教育面临的困境，最终提出相关应对措施，以期为高校高等数学教育提供参考。

数学文化在数学教育持续发展中逐渐形成，并伴随时代变化，数学文化也在持续更新。文化观视角下，高等数学教育不但蕴含数学精神、数学方法等，还包含高数和社会领域的联系，以及与其他文化间的关系。简而言之，文化观即应用数学视角分析与解决问题。利用文化观视角处理高数问题，有利于学生深入理解与学习高数知识。同时，由于数学文化蕴含丰富的内涵以及趣味性的高数内容，有助于调动学生对高数学习的热情。因此，在高数教育中，教师应适当渗透数学文化观，引导学生应用文化观视角解析高数问题，使学生全面理解高数，并应用高数知识处理问题。

一、文化观视角下高校高等数学教育价值

（一）调动学生对高数学习的热情

文化观视角下，高等数学教育适当增加文化内容教学。数学文化区别于传统直接的传授抽象、较难理解的高数知识，文化相对灵活，并且丰富性以及趣味性较强。高等院校中，高数作为多数专业的基础学科，其理论知识对于部分大学生而言，较为抽象难懂。要想使学生深入理解高数知识，需要高数教师在课堂中应用案例教学方式，通过列举实际例子辅助知识讲解。并且，单纯地讲授高数理论，学生对其兴趣较低。因此，渗透数学文化，有助于引导学生了解高数知识，调动学生学习热情。

（二）促使学生充分认知数学美

文化观视角下，高校高等数学教育，有助于推动大学生充分认知数学美。文化具有丰

富多彩以及艺术美感的特征。文化内涵需要学生与教师经过长期探索，感知其含义，数学文化沉淀了多年来相关学者对数学的探索与研究。其中蕴含的任何一个内容均有其存在的特殊价值与意义。并且，在了解文化内涵的过程中，可以深刻感知到其趣味性及数学美。同时，高数并非是单纯的数字构成的理论知识，高数具备自身独特的艺术美感，并存在一定规律。

二、数学文化的特征

（一）数学文化具有统一性特征

数学文化作为传递人类思维的方式，具有其特殊的语言。自然科学中，尤其是理论学中，多数科学理论均应用过数学语言准确、精练的阐述。比如，James Clerk Maxwell 提出的电磁理论，以及 Albert Einstein 的相对论等。新时代下，数学语言是人类语言的高级形态，也是人们沟通与储存信息的主要方法，并逐渐成为科学领域的通用符号。除此之外，由于高数知识自身逾越地域及民族限制，数学文化作为人类智慧的结晶，伴随社会进步，数学文化统一性特征在日后会突显在各个领域。

（二）数学文化具有民族性特征

数学文化是人类文化中蕴含的重要内容，存在于各个民族文化中，也彰显出数学文化民族性的特征。同时，数学文化受传统文化、地区政治以及社会进步等因素的影响。民族所在地区、习俗、经济以及语言等内容的差异，使产生的数学文化也不同。例如，古希腊数学与我国传统数学均具有璀璨的成就，但其差异性也较大。相关学者指出，若某一地区缺乏先进的数学文化，其地区注定要败落。同时，不了解数学文化的民族，也面临败落的困境。

（三）数学文化具有可塑性特征

相较其他文化，数学文化的传承与发展，主要路径是高校高数教育，高数教学对文化的发展具有十分重要的作用。数学知识渗透在各个领域中，要想促进科技、文化以及经济等的进步与发展，数学是实现这一目标的有效路径。数学自身具备的特征，决定其文化中蕴含知识的可持续性以及稳定性。因此，教育工作者可通过革新高数教育体系，从而渗透和影响数学文化。数学作为一种理性思维，对人类思想、道德以及社会发展均具有一定影响。从某种意义上而言，数学文化具有可塑性特征。

三、高校高等数学教育面临的困境

（一）教学理念相对落后

高等数学的特征主要体现在由常量数学转向变量数学，由静态图形学习转向动态图形学习，由平面图形学习迈向空间立体图形学习上。在文化观视角下，部分高数教师仍采用传统教学理念。在高数课堂中，教师并未将数学文化与高数教学有机结合，教学理念也相对滞后，对文化观背景下的高数内涵认知较为局限。例如，在空间立体图形相关知识学习时，教师利用多媒体将图形呈现给学生，用多媒体替代黑板加粉笔的组合。但这一方式，多以高数教师为中心，多媒体用于辅助教师讲授知识。教师往往忽视学生学习方法，对数学文化的渗透也相对不足。

（二）缺乏创新教学模式认知

高数学科具有其独有的特征，数学逻辑严密，内容丰富。但是，文化观视角下，高数教学面临创新性不足的难题。一方面，高数教学中无法体现文化观内容。数学课堂作为评价教学质量的主要途径，传统教学模式中，部分教师过于注重数学公式、解题技巧以及概念的讲解，忽视与学生间的互动交流，学生实践解题机会较少，难以检测自身高数知识的掌握程度。另一方面，课堂进度难以控制。部分教师虽在课堂中渗透数学文化，但往往将数学知识全部展示给学生，导致课堂进度较难控制。

（三）评价体系缺乏合理性

近几年，我国高校针对高等数学的教学评价还未完善，缺乏合理性评价机制较易导致功利行为。由于高等数学作为基础性工具学科，其价值往往被学生忽视。多数大学生较为注重自身专业课的学习，对相对抽象且难以理解的高数学科重视度不足，缺乏对高数学习的积极性。因此，学生在课堂中与教师互动不足，导致教学评价内容相对单一。部分院校将高数课堂中，教师是否渗透数学文化作为评定教学质量的主要指标。除此之外，文化观视角下，高数教师评价学生时，往往停滞在评定学生成绩的层面上。忽视高数课堂中，学生呈现出的数学能力以及高数知识结构，导致多数学生对高数教学评价结果不认同。这一缺乏合理性的评价体系，对高数教师教育积极性、学生学习高数主动性均产生了反向影响，对高数教学质量的提升造成了阻碍。

四、文化观视角下高校高等数学教育的有效策略

（一）重视高数与其他学科间的交流

高数不是单一的学科，作为基础性工具学科，高数与其他专业均有紧密联系，如化学专业、软件技术专业等。并且，多数专业的学习均以高数作为基础。高数学习十分重要，要想使学生充分认知到其重要性，高数教师应增加高数与其他专业间的交流。在讲授高数理论的同时，引导学生学习其他专业知识，促进学生深度了解数学德育应用范围。通过这一方式，使学生认知到学习高数的价值，有助于调动学生自觉学习高数的动力。

（二）革新教学理念

革新教学理念，提升高数教师综合素养。高校应呼吁教师群体通过调研、探讨等方式，逐渐确立文化观视角下的高数教学理念，并将其实践到高等数学教育中。在这一基础上，

高校相关部门应倡导、推广、践行新型高数教学理念，促进院校高数教学迈向数学文化的方向。此外，高校高数教师应深刻认知，单纯凭借教材知识的讲解，难以调动大学生对高数的求知欲。然而，丰富、趣味性的数学文化可以吸引当代大学生的关注度。因此，高数教师不但应将教材中蕴含的高数知识讲授给学生，还应在教学中渗透数学文化。革新教学理念，使大学生在丰富有趣的数学文化中，深入理解与学习高数知识，实现高数教学目标，促进学生数学能力的提升。

（三）创新教学模式

高校高等数学课堂中，传统依赖教材讲解知识，学生听讲以及练习数学习题的教学模式，已经无法满足大学生的发展要求。由于高数知识相对抽象，传统的教学方式难以使学生深入理解。同时，大学生历经小学、初中以及高中等阶段的数学学习，在高数学习阶段，大学生自身已经了解相对完整的数学体系。因此，教师在高数教学中，应增加引导学生学习的教育环节，使学生可以将自身所学的高数知识熟练应用到生活中，并具备解决实际问题的能力。文化观视角下，教师应将高数知识和实际问题有机融合，在实践中培养学生逻辑思维以及分析问题的才能。高数教师应为学生提供充分的实践机会，引导学生利用高数理论解决实际问题。在这一过程中，教师应起到辅助及引导作用。这一教学模式，不但可以激发学生对高数的热情，强化学生综合能力，还能使学生切实认知学习高数的价值及意义，并在解决问题后，取得一定的成就感。

综上所述，高校高等数学教育中，部分教师还未深刻认知到数学文化的重要性及其价值，对文化观的重视程度相对较低。但伴随高数教育的革新与发展，多数教师逐渐意识到高数课堂渗透文化观的重要性，并践行到高数教学中。伴随教师综合素养的持续提升，在高数教育中结合数学文化，有助于使学生逐渐增加对高数的兴趣，激发学生求知欲，进而优化高数教学质量，促进高校教育事业以及大学生共同发展进步。

第二节　数学文化在大学数学教学中的重要性

数学文化在大学数学中占有重要的地位，如何更好地在大学数学教学中融入数学文化是当前面临的难题。本节首先浅析大学文化在大学数学教学中的内涵和重要性，同时详细分析数学文化在大学数学教学中的具体应用。

数学是社会进步的产物，推动了社会的发展。数学文化融入课堂改变传统的教学方式，结合学生在课堂中的实际情况引进新的教学方式，以便更好地提高学生的学习兴趣，充分发挥学生的主体作用，培养学生的逻辑思维能力。教师通过不断创新教学方式，提高课堂教学水平，确保教学质量。将数学文化应用在大学数学课堂中，可以更好地提高教学理念，也可以激发学生学习数学的兴趣。

一、数学文化在大学数学教学中的内涵与重要性

（一）数学文化的基本内涵

不同的民族有不同的文化，所以有属于文化的数学。中国的传统数学和古希腊数学都有辉煌的成就和价值，但是两者存在明显的差异。数学文化主要是通过孤立主义体现的，其内涵十分丰富。数学发展历程是一种文化现象，是人们的生活常识。数学文化作为一个单独的板块，其过度形式化，让人们错误地理解数学只是天才想象的创造物，数学的发展不需要社会的推动，数学存在的真理也不需实践。

（二）数学文化的重要性

数学文化在大学数学中的重要性，主要包括两方面：①提高学生的学习兴趣。数学教师在课堂中可以结合数学文化进行教学，提高学生对数学的学习兴趣，从而提高课堂教学质量。在课堂中运用不同的教学方法，不仅能够激发学生的学习兴趣，还能够提高教学质量。结合实际课堂背景，教师可以通过多媒体方式进行教学。多媒体功能齐全，可以展示数学文化的视频、图画，吸引学生的注意力，从而使数学课堂变得更加丰富生动。教师在教学过程中，应该脱离书本知识，结合实践培养学生的逻辑思维能力。②培养学生的创新能力。教师是课堂中的引导者，学生是主体，教师要与学生之间建立良好的关系、平等交流。大学是培养学生逻辑思维能力的关键阶段，在数学课堂教学中融入数学文化，对培养大学生的逻辑思维创新能力尤为重要。数学教师可以指定具体的教学目标，在制订教学方案时要根据学生的实际情况出发，这样才能够在教学过程中充分发挥数学文化的作用。

二、数学文化在大学数学教学中的具体应用

（一）改变传统的教学理念

在大学阶段学习数学，教师不单向学生传授课本知识，同时还要结合数学文化，让学生间接认识数学发展的历程，提高学生学习数学的兴趣。通过在课堂上学习数学知识，学生在掌握数学知识的同时，还了解了数学文化。比如，伟大的数学家阿基米德，在数学领域具有突出贡献，他的很多手稿保留至今。很多数学家把阿基米德的原著手稿翻译成现代的几何方面。利用阿基米德的数学成就潜移默化地让学生认识数学，提高学生的数学知识。

（二）丰富课堂内容

大学教师在开展实践活动时，要结合学生的实际情况制订具体方案。选择最优质的数学内容，进行丰富课堂教学内容，丰富数学文化的基本内涵。数学教师在课堂中结合数学文化，在课堂中适当结合数学历史，讲授数学的发展历程，同时结合数学的演变进行考察，进行总结评价。课堂中融入数学文化，首先应该让学生知道数学是一门专研科目，运用推理法和判断法可以解决数学问题等。当前教学改革越来越重视学生的成绩，关注学生的发

展，所以需要教师提高教育水平、创新课堂教学方法、具备高效的数学课堂教学理念。比如学校可以组织关于数独、填色游戏等一系列数学实践活动，学生在活动中既能培养逻辑思维能力，同时还能激发对数学的兴趣。

（三）强化数学史的教育

大学数学教师在课堂中应该加强数学史的教育，丰富数学文化。例如，可以介绍以华人命名的数学科研成果、中国的数学成就、数学十大公式以及著名的数学大奖等有关的数学知识。通过这种传授方式，能够让学生从宏观角度了解数学的发展历程，同时对数学历史进行研究，同时还可以让学生了解中外数学家的成就和重要的品格。最重要的是通过了解数学的发展历程，探究数学家的思想，可以帮助学生掌握数学发展的内在规律，对数学的进展进行指导，从而预见数学的未来。

（四）了解数学与其他学科之间的联系

教师在课堂中要引导学生了解数学与其他学科存在的联系，可以在课堂中介绍物理学、天文学等重大发现都与数学息息相关。牛顿力学和爱因斯坦的相对论、量子力学的诞生等重要的研究成果都是以数学作为基础。现代许多高科技的本质就是运用数学技术进行研究的，如指纹的存储、飞行器模拟以及金融风险分析等。当今数学不仅是通过其他学科进行技术研究，而是直接应用在各个技术领域中。

综上所述，数学不仅是一种文化语言，也是思考的工具。将数学文化应用在大学数学课堂中，提高学生的独立学习能力。学生在独立学习的过程中，找到学习的方法。教师通过课堂检测发现学生存在的问题，进一步引导学生探索正确学习方法。因此数学教师要多进行探究和发现，充分发挥数学文化在大学数学中的作用，吸引更多学生学习数学，进而创造更多的数学文化价值。

第三节　大学数学教学中数学文化的有效融入

数学是一门十分有魅力的学科，学习数学对于大学生来说意义重大。数学不仅是科学技术知识学习的基础，而且和生活有紧密的联系。笔者从数学文化的重要意义与作用出发，探究大学数学教学中融入数学文化的有效路径。

高等数学教育是大学教育课程体系中的重要组成部分，数学教育不仅仅是一门单独的学科，与其他的学科也有极大的关联性，尤其是在理工科学习方面。数学文化一方面可以提高学生学习数学的兴趣，增强学生对数学的理解，帮助学生提高数学成绩。另一方面也能够帮助学生感受数学与社会之间、数学与生活之间、数学与其他文化之间的紧密联系。这对于学生理解和学习数学，融入其他的知识体系有十分重要的意义。但是，目前一些院校并没有将数学文化的教育纳入数学教学课程体系之中，对数学文化的教育重视程度还不够，没有充分理解到数学文化对数学学习的重要意义，师资力量不够强，评价制度不够完善。有鉴于此，笔者探索出了将数学文化融入大学数学教学的路径。

一、加强师资队伍建设

在大学数学教学中融入数学文化是需要教师资源的有力保障才能够完成的工作。没有优质的教师，在大学数学教学中融入数学文化这项工作就不可能得到很好的推进。进行教学工作的教师是决定教育成果好坏的根本力量，因此，必须加强师资队伍建设。具体来说，应做到以下几个方面：一是增强大学数学教师的专业知识。大学数学教师在数学文化融入大学数学教学中起到引导作用，他们本身的数学文化基础和对数学文化的理解、掌握程度对在大学数学教学中融入数学文化是具有根本性的影响。大学数学教师应当对数学史有很深刻的学习，准确把握数学史的发展、数学文化和数学思想；准确掌握数学语言，能够运用数学语言让大学生感受到数学文化的魅力。在教授过程中，大学教师要增强自己对数学与社会关系的认识。数学不是一门孤立的学科，与社会具有很强的关联性，可以说，在社会的方方面面，在每个人的工作与生活中，都要运用数学知识解决一些问题。教师在教学中要很好地将数学文化与数学教学结合起来。二是增强教师的职业道德。大学教师不仅要将知识传授给学生，更是道德品质的楷模。教师在进行教学时，要以严谨的作风和扎实的教学功底开展大学数学教育工作。教师的职业道德素养决定着教学的好坏程度，影响着教学成果。就数学文化融入数学教学中这项工作而言，教师的工作作风和道德品质对其有极其重要的影响。三是为大学教师提供良好的生活保障。建立专业的大学教师队伍对发展数学文化融入数学教学中有十分重要的意义。只有当教师的生活得到了基本保障，才可能全身心地投入数学教学中，才能创新工作方法，将数学文化引入数学教学中，增强教学效果和教学质量。

二、与时俱进，转变教学思想

第一，在大学数学教学中，思想影响着教学效果。目前一些大学教师对数学文化融入数学教学中的认识不够充分，没有完全认识到数学文化融入数学教学中的重要意义。数学文化可以加深学生对数学的理解认识，增强学习数学的兴趣，对数学教育可以起到事半功倍的效果。然而在实际的教学中，一些教师并没有将数学文化融入数学教育教学中。在教学中，仅仅将数学的解题方法和枯燥的数学公式作为数学教学的重要内容。教师应该认识到数学文化对于数学教学的重要意义。大学教师应该认识到数学教育是大学教育中的一部分。数学不仅是一门学术型教育，而且是一项人文教育，将数学文化融入大学数学教育中，能够增强学生的人文气息，让学生在学习数学的同时融入社会、融入生活，将数学知识融入其他各项知识之中。第二，学校要营造数学文化的氛围。数学文化的氛围营造对将数学文化融入大学数学教育中有极其重要的作用。学校可以在公共部位张贴数学文化的宣传海报，组织数学文化的宣讲会，让学生充分认识到数学文化的重要意义，在校园内营造数学文化的传播范围。第三，学生要转变思想。学生是学习数学的主体，他们的思想得不到转变，数学教育的效果就不会有显著提升。教师在进行数学教育时，要教育学生的思想，提高学生的思想认识，让学生充分认识到数学文化也是数学教育中的重要内容；在教学中注意引导学生自主学习数学文化的兴趣和能力，让学生感受到学习数学文化的重要性。

三、完善数学文化的教学体系

在教学中融入数学文化的教育内容，需要不断完善数学文化的教学体系。从数学教学的整体出发，将数学文化内容融入整个数学教学体系中，对促进数学文化融入数学教学有十分重要的作用。首先，将数学文化思维融入数学教学体系中。数学思维是数学文化的重要组成部分，数学教学的意义在于让学生用数学的思维思考问题。数学思维是严谨的思维，科学的思维。善用数学思维，巧用数学思维，对学生学习数学有重要的促进作用。在数学教学中，将数学思维教育作为主要教学内容是推动数学文化融入数学教学中的一部分。其次，将数学语言作为重要的数学文化内容融入数学教育中。数学语言也是数学文化中重要的内容，其主要由符号和抽象的数学概念组成。运用数学语言能够准确地表达数学的思想、数学的思维方式和数学的思维过程。语言是文化传播的载体，在数学方面也不例外，数学语言也是数学文化传播的主要载体。在大学数学教学中融入数学文化，一定要学会用数学语言这一重要工具，擅用数学语言传播数学文化，一定能对促进数学文化在大学数学教学中的融入有重要作用。最后，重视大学数学文化课程体系建设。大学课程虽然已经有完善的课程体系，但是并没有将数学文化的教学内容，科学地纳入教学体系之中，并没有单独的数学文化教学课程。在实践教学中，应当将数学文化作为一门重要课程，对学生进行单独教学，增强学生对数学文化课程的重视程度。

四、建立数学文化教育考核评价体系

考核评价是检验数学文化教学的重要抓手，建立数学文化教育考核评价体系有利于推动数学文化融入数学教学之中。一是推动数学文化融入数学教育的教师考核评价。数学文化融入教育教学的具体工作成绩作为数学教师绩效考核的重要指标。考核大学数学教师在进行数学教育的过程中是否将数学文化融入数学教育中，有没有让学生感受到数学文化的魅力、体会到数学文化的精髓。应对在这方面做得较好的教师给予宣传和奖励，以激励其他教师。在数学教学中融入数学文化的内容，将表现较好的教师的教学方法广泛地宣传和推广，扩大影响范围。将好的教学方法传授给其他的教师，增强数学文化融入数学教学中的实际影响力。对于在这方面做得较差的教师，给予批评和指导帮助他们将数学文化融入数学教学中。二是建立学生的数学文化考核评价制度。在对学生进行课程考核时，将数学文化的学习成果作为考核指标之一，这样可以增加学生对数学文化学习的重视程度和学习的主动性。单纯将数学计算的考核成绩作为评价指标不利于全面地评价学生数学学习情况的好坏。将数学文化的学习情况作为学生数学学习成绩好坏的评价指标之一，对于全面评价学生的数学学习情况有十分重要的意义。对于一些在数学文化学习上取得成绩的学生应给予奖励，激励他们在今后的数学学习中发挥优势，注重数学文化的学习，并将其作为学习的榜样。

第四节　数学文化提高大学数学教学的育人功能

将数学文化渗透到大学数学教学中，具有重要意义，它能够培养大学生的数学文化素质。本节对数学文化进行了简要阐述，研究了数学文化在大学数学教学中形成的育人功效，并阐述了在大学数学教学中渗透数学文化的方法。

随着数学文化思想的不断渗透，人们对数学教学工作也更为重视，特别是大学生的数学素质在当今教育发展中具有重要意义，所以，加强数学文化的教学实践过程，不仅能够使学生在数学学习中感受到文化，还能形成不同的文化品位，从而提升数学教育与数学文化的概括性发展。

我国数学在教育领域发挥着主导力量，学生一般会认为数学是一种符号，或者是一个公式，它能够利用合适的逻辑方法计算，得出正确的答案。1972 年，数学文化与数学教学作为一种研究领域出现，并象征着传统的知识教育转变为素质教育。所以，在大学数学教学中，要利用传统的教学方法，提高学生的素质能力。

在传统文化素质教育中，主要培养学生的人文素养，并提高学生在自然科学中的科学素质以及文化素质。数学教学不仅是一种文化教学，也是一种科学思维方式的培养过程。所以，在数学教学中，在学生形成一定的认知情况下，对学生的成长以及生命的潜在需求进行关注，并将学生的知识思维转移到价值发展思维上去，并形成一种动态性教学形式，在这种情况下，不仅能够使学生在课堂教学中形成全面认识，还能促进学生在认知、合作以及交往等能力方面的相互协调与发展。

当前，在数学课堂中主要对数学中的定理与公式更为关注，但这并不是数学的本身。在课堂教学中，都是经过习题训练的方式才能掌握数学知识的真实信息，要促进该方式的优化与改善，就要将数学文化渗透其中，并促进数学理念与数学模式的创新发展，然后将数学文化与一些抽象知识联合在一起，以保证数学课堂具有较大的灵活性。而且，根据对数学思想的深度研究，学生的创造意识以及理性思维精神也得到了积极培养。其中，数学中形成的理性知识是在其他学科中无法实现的，它是数学中一种特殊精神，因此，在数学教学中，不仅要重视相关理论知识的传输，还要重视育人培养，并使学生认识到数学文化的重要性，激发学生的学习兴趣与学习热情。数学中的教与学是一种互动过程，它能够让学生在其中积极探讨，并改变传统的教学方式，所以说，利用数学文化不仅激发了学生的积极性与主动性，促进学生形成良好的创新精神，还使学生更热爱数学，合理掌握数学知识，以提高自身的科学文化素质。

一、数学文化应用到大学数学教学中形成的育人功效

（一）执着信念

将数学文化渗透到大学数学教学中能够使学生形成执着的信念，信念是认知、情感以及意志的统一，人们在思想上能够形成一种坚定不移的精神状态。大学生如果存在这种信念，不仅能够在人生道路上找到明确的发展目标，为其提供强大的前进动力，还能形成较高的精神境界。信念也是一种内在表现，主要包括人生观、价值观等方向，而存在的外在表现更是一种坚定行为。所以，大学生在人生道路中要确立目标，就要将信念作为一种动力。我国在当今发展背景下，已经将国家发展落实到青年中去，因此，在这种发展情况下，大学生更要加强自身信念，并形成正确的人生观、价值观，这才是教育工作者在发展过程中要思考的内容。当前，大学生的思想政治都是积极、向上的，面对现代较为激烈的竞争社会，一些大学生也存在政治信仰盲从现象，不仅形成的信念比较模糊，也产生了一些社会责任问题。所以，在大学数学教学中，将数学文化渗透其中，不仅能够对大学生的人生价值观进行积极引导，还能在我国理想价值观中起到积极作用。如在大学数学中学习《微积分》课程中就存在一些育人功效，它不仅能够阐述出数学发展的历史，使学生感受到数学家的独特魅力，还能从知识中获取更多鼓励，并增强自己的学习信念。

（二）优良品德

在大学教学中，学生不仅要具备完善的科学技术文化，还要形成较高的思想道德品质。在大学数学教学过程中，也要形成一些优良德，所以，将数学文化贯彻到大学数学教学中，能够将一些育人功效完全体现出来。在其中，教师就要适时转变，不断调整，以使学生能够适应大学生活。很多学生在高中阶段都向往着大学的自由，但大学生活与学生想象的存在较大差异，这时候，他们会比较失落、沮丧，所以，应对大学生进行及时调整。例如，在《微积分》课程中，针对一个问题，要求学生利用多种思维、学会变通，保证能够在解决问题期间随机应变。此外，还要将数学真理作为主要依据，并学会创新，从而使学生形成正确的人生观与价值观。将数学文化渗透到大学数学教学中，能够使大学生发现问题、解决问题的能力得到培养，并能使其学会创新，促进其全面发展。

（三）丰富知识

将数学文化渗透到大学数学教学中去，能够使学生掌握到丰富的知识。因为在大学数学学习中，学生不仅要具有较强的专业知识，还要形成广阔视野。大学数学是高校中开设的一门主要必修课程，能够提高学生的数学能力。但在实际学习期间，要不断挖掘课程中的相关素材，以保证数学文化、数学历史以及数学知识等得到充分体现。数学家研究出的

数学真理都是经过实践验证的，学生在该形式下，不仅能够培养敢于挑战的精神，还能利用相关思想到其他科目上去，从而实现一定的育人目标。

（四）过硬本领

将数学文化渗透到大学数学中去，能够培养学生的过硬本领。随着我国数学历史文化的深远发展，人们在生产与生活中都需要数学知识，在新时期，数学在科学技术、生产发展中发挥着巨大作用，并在各个领域中得到了充分利用。其中，微观经济学中就需要函数、微积分等知识，能够利用数学手段解决社会与市场上面对的问题。例如，万有引力定律、狭义相对论以及方程形式等都是利用数学知识得来的，所以说，数学在其中扮演着较为重要的角色。而且，将数学文化渗透到大学数学教学中，还能提高学生的数学素养，并促进自身的过硬本领。文化是人们在社会与历史发展中创造的物质财富以及精神财富，它不仅是一种价值取向，也能对人们的行动进行规范。数学文化的形成存在较高的文化教育理念，能够对存在的问题进行分析解决。因此，根据文化发展视觉，学生在数学学习中感受到数学文化与社会文化之间的关系，数学文化素养得到积极提高，从而保证创新人才、高素质人才的培养目标积极形成。

二、渗透数学文化提高大学数学教学功效的对策

（一）转变数学教学观念

在大学数学教学中，转变传统的思想观念，保证在实际的数学教学中形成数学文化。数学观的形成在教学中存在着较为客观的影响，数学教师的思想观念直接影响着学生对数学知识的掌握，如果形成不合适以及消极的数学观念、数学教学方法，学生的思维发展产生的也是负面影响。为了增强对它的认识，并在思维方式上形成积极以及完美的追求，就要体现出逻辑与直观、分析与构成、一般与个性的要素研究。只有共同的发展力量才能实现数学的本身价值，因为数学并不是表面上的一种简单的知识总和，人们主要将其看作一种创造性活动。所以说，数学观念具有多种特点，其中也包括多种数学教育方法。随着现代科技文化与现代形态的形成，他们都是在数学思想上发展起来的，所以，数学教育者应改变传统的、单一的数学观念，并促进其教学符合当代的发展需求。数学也是一种逻辑体系，在对其创造过程中需要猜测、推理等，不仅要在大学数学教学中体现出理性精神，还要将社会文化作为依据，促进人文价值的实现。在大学数学教学过程中，要促进数学理性精神与文化素质的结合发展，并根据数学思想的积极引导，教师不仅能够利用有效方法促进自身传授的有效性，还能保证数学思想得到合理渗透。

（二）联系文化背景

结合文化背景，促进大学数学教学课堂的优化。因为大学数学中的教学内容具有较高的抽象性，在高考教学目标的积极引导下，学生认为数学学习是为了考试，所以，为了使

学生形成正确的学习思想，教师就应根据文化背景进行分析。目前，大学数学课程中的相关知识都比较陈旧。在西方，他们认为数学中的一些知识都要利用逻辑方法对其证明，所以在人们的思想中形成一种思维体系。从古希腊时代至今，数学在自然发展以及社会进步中都承接较大作用，根据我国发展的具体情况以及古代的一些数学思想，它只为一种使用技术。我国数学文化中缺乏一种理性精神以及科学精神，并没有形成一种理性哲学规律，我国也没有形成一种与自然、与社会等因素相关的数学精神，并将数学作为社会发展中的一种使用工具。在这种背景下，要求学生不仅要接受西方的理性主义，还要对我国的传统文化形成认知，并打破自身的思维局限，将数学文化作为主要的发展背景，以实现数学的文化价值以及产生正确的理性数学精神。

（三）加强思想方法

在数学教学中，加强思想方法能够激发学生的学习兴趣。目前，大学生在应试教育发展下都习惯实现解题训练以及技能训练，他们认为数学是解题，但忽视了数学本质中的一般思想方法。在大学数学教学中，学生应认识一种技巧，并对其中的数学知识进行推理、判断等。所以，在教学中，要加强学生的思想阐述，并激发学生的学习兴趣。对于宏观的数学思想，主要包括哲学思想、美学思想以及公理化方法等。对于一般的数学思想方法，主要包括函数思想、极限方法以及类比、抽象等，所以说，数学思想方法在数学知识中，它不仅能够揭示出原始的思想，还能以独特的方法促进其演变过程。数学思想方法要展示知识的发生过程，并能够对其中的细节进行点拨。例如：在 Taylor 公式中，首先，要了解 Taylor 公式最初产生的背景，因为在航海事业发展中，会利用到三角函数、航海表等，不仅需要确定其中的精度，还要解决一些问题，所以说，函数是非线性知识中良好的思想方法。然后，提出相关问题，因为该方法不能实现较高的精确度，所以，就要实现多项式、高精度二次多项式的求解。接着，对猜想的结论进行证明，并得出 Taylor 公式。最后，将 Taylor 公式的复杂式表现为简单化。

大学数学教学不仅仅是传授知识的，还是学生素质提高、能力培养的主要过程，将数学文化渗透到大学数学教学中去，学生必须要认识到数学知识与数学文化之间的关系，然后实现两者之间的有机结合，在这种层面上，不仅能够揭露数学文化代表的意义，还能保证大学数学教学达到良好效果，从而使学生在文化熏陶下提高自身的数学素养。

第五节　数学文化融入大学数学课程教学

从数学文化融入大学数学课程的背景与现状分析，提出了教学改革思路及需要解决的关键问题，给出了将数学文化融入大学数学课程的具体实施方法。实践表明，通过教学改革充分调动了学生的学习积极性，提高了学生的数学能力，取得了较好的教学效果。

大学数学课程是工科专业开设的必修课，对于理科及工科专业，教师多半以讲授数学知识及其应用为主。对于数学在思想、精神及人文方面的一些内容很少涉及，甚至连数学史、数学家、数学观点、数学思维这样的一些基本数学文化内容，也只是个别教师在讲课中零星地提到一些。很多文科专业使用的教材和课程内容基本是理工科数学的简化和压缩，普遍采取重结论不重证明，重计算不重推理，重知识不重思想的讲授方法，较少关注数学对学生人文精神方面的熏陶，更多地是从通用工具的角度去设计教学。因此，很多大学生仍然对数学思想、精神了解得很肤浅，对数学的宏观认识和总体把握较差。而这些数学素养，反而是数学让人终身受益的精华。因此，在大学数学教学中应注重数学文化的融入，培养学生的数学素养。

一、数学文化融入大学数学课程教学的思路与解决的关键问题

（一）数学文化融入大学数学课程教学的基本思路及目标

基本思路对于理工科专业的学生，仍然加强数学在工具性和抽象思维方面的能力培养，适当地融入数学文化等内容，提高大学生学习数学的兴趣。文科学生参加工作后，具体的数学定理和公式可能较少使用，而让他们能够受益的往往是在学习这些数学知识过程中培养的数学素养——从数学角度看问题的出发点，把实际问题简化和量化的习惯，有条理的理性思维、逻辑推理的意识和能力，周到地运筹帷幄等。所以，对于文科学生而言，数学教育在工具性和抽象思维方面的作用相对次要，在理性思维、形象思维、数学文化等人文融合方面的作用更加重要。

在教学中，应使学生掌握最基本的数学知识，掌握必要的数学工具，用来处理和解决自然学科、社会及人文学科中普遍存在的数量化问题与逻辑推理问题。尽量使文科学生的形象思维与逻辑思维达到相辅相成的效果，并结合数学思想教学适度地训练他们的辩证思维。了解数学文化，提高数学素养，潜移默化地培养学生数学方式的理性思维，使数学文化与数学知识相融合，尽可能地做到水乳交融。

基本目标通过数学文化融入大学数学课程教学使学生理解数学的思想、精神、方法，理解数学的文化价值；让学生学会数学方式的理性思维，培养创新意识；让学生受到优秀文化的熏陶，领会数学的美学价值，提高对数学的兴趣；培养学生的数学素养和文化素养，使学生终身受益。

（二）数学文化融入大学数学课程教学需要解决的关键问题

数学文化融入大学数学课程教学需要解决以下关键问题：（1）数学教育对于大学生尤其文科大学生的作用；（2）文科高等数学教学体系、教学内容与文科专业相匹配；（3）在教学中培养文科学生的形象思维、逻辑思维及辩证思维；（4）将数学文化及人文精神融入大学数学教学中。

二、数学文化融入大学数学课程的实施

（一）将提高学生学习数学的兴趣和积极性贯穿于教学的全过程

教学中从学生熟悉的实际案例出发，或从数学的典故出发，介绍一些现实生活中发生的事件，以引起学生的兴趣。例如，在讲定积分的应用时，介绍如何求变力做功后，用幻灯片展示 2007 年 10 月 24 日我国成功发射的嫦娥一号卫星，历经 8 次变轨，于 11 月 7 日进入月球工作轨道。然后向学生提出 4 个问题：卫星环绕地球运行至少需要多少速度；进入地月转移轨道至少需要多少速度；报道说，当嫦娥一号在地月转移轨道上第一次制动时，运行速度大约是 2.4 km/s，这是为什么；怎样才可保证嫦娥一号不会与月球相撞。学生利用已有知识给出回答，提高了学生的学习积极性。

（二）将揭示数学科学的精神实质和思想方法等数学素养作为教学的根本目的

文科数学课时比理工科少一半，所学的一些具体定理、公式往往会忘掉，但若通过学习能对数学科学的精神实质和思想方法有新的领悟和提高，才是最大的收获，并会终身受益。数学素质的提高是一个潜移默化的过程，需要教师引导，学生领悟。因此，在数学知识教学中，应注重过程教学，介绍一些问题的知识背景，讲清数学知识的来龙去脉，揭示渗透于数学知识中的思想方法，突出其所蕴含的数学精神，让学生在学习数学知识的同时，自己体会数学科学精神与思想方法。根据文科学生长于阅读的特点，在教材的各章配置一些阅读材料，要求学生课后认真阅读。这些材料适时、适度地介绍了基本概念发生、发展的历史，扼要地介绍了数学发展史中一些有里程碑意义的重要事件及其对于科学发展的宝贵启示，以及一些数学家的事迹与人品，并以较短的篇幅简要地介绍数学科学中的一些重要思想方法。

（三）结合专业特点讲解数学知识

高等数学有抽象的一面，尽管注重过程教学，但数学基础较差的学生仍难以理解数学知识所蕴含的数学思想方法。考虑到文、理、工科学生对自身专业的偏好以及已有的专业知识，在教学中，教师应以学生专业为教学背景，引入课题，说明概念，讲解例题，使得抽象的数学知识与学生熟悉的专业联系起来，激发学生学习的兴趣。如介绍微积分在经济领域的应用，通过边际效应帮助学生加深对导数概念的理解；引用李白诗句"孤帆远影碧空尽，唯见长江天际流"来描写极限过程；通过气象预报和转移矩阵加深学生对矩阵的认识；以《静静的顿河》《红楼梦》等文学艺术作品作者的考证说明数理统计的思想方法；从"三鹿奶粉"事件的法律诉讼引申到假设检验以及如何选取"原假设"和"备择假设"。

在大学数学课程中渗透数学文化素质教育，作为教师，要树立正确的数学教育观，深刻地理解和把握数学文化的内涵，在教学活动中积极实践，勇于创新。对于学生来讲，只

有利用一定的数学知识、数学思想解决一些现实问题，或了解用数学解决实际问题的一些过程与方法，才能体会到数学的广泛应用价值，真正地形成数学意识，培养数学素养，提高数学素质，从而提高运用数学知识分析问题和解决问题的能力。

第六节　数学文化在高等数学中的应用与意义

在我国目前大部分高校，不论什么专业都把数学这门学科作为必修课，尤其对于理工学科的学生，数学显得尤为重要，数学无处不在地渗透在他们的学习与日常生活中。高校的教学方式不能像九年义务教育那样，只着重数学的实际应用。在实际教学过程中，我们要对学生进行数学文化素养培养，使数学文化能够在高校教学中得以体现。本节以高等数学教学为主要背景，讲述了数学文化在高等数学中的应用及重要意义。

在高校教学中，理工学科学习的成绩与数学息息相关，要想高标准地将理工学科知识掌握，必须具有相对扎实的数学知识及全面的数学思维，这就要求学生在高中学习中全面发展。九年义务教育中，对数学的教育方式过于死板，只用教材中的公式及理论去解决数学问题，学生的学习目的只是为了应付考试，而不是发自内心地喜欢数学。进入大学以后，数学的难度增强，如果还用传统的学习方式，不仅数学成绩没有提高，还会影响其他相关科目。所以在大学教学中，要将数学文化渗透进去，使得学生能够对数学有更深层次的了解，这样学生在提高学习兴趣的同时，对数学知识也有一定的理解。

一、在高校教学中应用数学文化的重要意义

（一）端正学生的学习态度

学生的心态决定着学生对数学学习的态度，学生在学习数学的时候，是否有积极性与主动性直接影响数学学习效果。在教学过程中，我们要将数学文化渗透进去，经过了解数学文化，激发学生的积极主动性，调整学生的学习态度。我们可把一些知名数学家的传记在课堂上进行讲解，用他们那些钻研数学的刻苦精神激励学生产生学习的动力及兴趣，达到使之刻苦学习数学知识的目的。

（二）形成学生对数学学习的意志

数学学科相对于其他学科而言，抽象性和逻辑性很强。对于学生来讲，这门学科的难度很大，在数学学习过程中，会遇到很多困难来打击学生学习的积极性，学生学习数学的时候，显得很吃力，在一道数学题上耗费大量的时间是常有的事，学生很容易产生放弃学习的想法。所以，教师在数学教学过程中，将数学文化知识融入进去，让学生在数学文化历史中得知数学历史的辉煌成就，在提高学生对数学学科兴趣的同时，使学生产生想把数学继续发扬的责任感与使命感，当有放弃学习数学的想法时，会有一种力量促使他们在学

习数学的道路上继续前行。

二、在高校教学中应用数学文化的策略

（一）对教学设计进行优化，展开研究型数学文化教学

数学教学文化主要是教师将数学内涵和数学思想传授给学生的过程，是教师与学生共同发展与交流的过程。教师在教学过程中，要对教学设计进行优化，展开研究型数学文化教学模式，如此才能使数学文化更好地渗透到大学教育中。

要结合学生的专业，研究出学生能够自主且独立思考的教学方式，学到基本数学知识的同时，对数学精神进行培养。在教育的过程中，教师要多多鼓励学生将自己的问题与想法提出来，勇于质疑，使得数学文化能够逐渐地渗透到高校教学中。

（二）增强教师自身文化素养，取缔传统教学模式

必须取缔传统的教学模式，改变教学观念，提高教师自身的文化素养，才能将数学文化渗透到数学教学中。由于我国教学一直采用传统教学模式，应试教育使得教师只注重于数学的实际应用，而对数学文化只字不提。所以，教师要将原有的教学理念改变，注重数学教学实际应用的同时，要将数学文化引入课堂中，将数学文化逐渐地渗透到数学教学中。教师是数学教学的施教者、组织者和引导者，应该利用课余时间进行进修，提高自身数学知识的同时，增强自身数学文化素养，以丰富的数学文化知识，熏陶自己，在日常生活中，找寻与数学相关的理论知识及使用方法，为课堂上能够更好地将数学文化与知识相融合奠定基础。这样，才能使数学文化更好地渗入大学教学中。

（三）完善数学教学内容，提高学生对数学学习兴趣

要想将数学文化更好地在高校教学中应用，那么在数学学科的教学过程中，教师要对数学教学内容进行整合，丰富教学知识，不能仅限于将教材内的知识对学生进行灌输。在高等数学教学中，作为教师，要适时地将与数学文化相关的内容逐渐引入数学教学中。例如，数学的发展历史、概念及公式的来由、定理的衍生等，减少课堂教学中的枯燥感，把课堂氛围变得活泼，使学生在学习基础知识的同时，更好地对数学发展历程进行了解。教师在授课的过程中，要简明扼要地讲述教学内容，从而激发学生的学习兴趣，在短时间内，将学生的学习情绪稳定下来，达到吸引学生注意力和开发学生数学文化思维的目的。多年的教学经验让我们不难看出，数学教材当中，有很多教学内容能侧面帮助学生形成正确的人生观和世界观，所以，教师在教学过程中，一定要着重对学生进行数学历史的相关知识讲授，使学生能够更好地对数学发展历程有所了解，在渗透数学文化教学的同时提高学生对数学的学习兴趣，促使学生建立数学学习的自信心，提高学生自主学习的积极性。

总而言之，将数学文化引入高等数学教学中，能提高教学质量，还能使学生对数学的

学习兴趣增强，从而提高学生对数学学习的自主积极性。所以，作为高校教师，一定要将自身的数学文化素养提高，把数学基础知识与数学文化有机结合，将学生对数学知识的好奇心调动起来，使得数学文化能够发挥它最好的作用，让学生能够更好地吸收数学文化基础知识。

第五章　高等数学教育概述

第一节　我国高等数学教育中的若干问题

一、概述

随着科学技术的迅猛发展，各门学科知识开始相互渗透，使得一些交叉学科呈现出越来越强的生命力，而数学则是与其他学科交叉部分最多、知识渗透得最为广泛的一门学科。例如生物数学、数量经济方法、数理语言学、定量社会学、天文学等学科均大量地运用数学工具解决各自领域的问题，甚至文学、法学、政治学等学科也要借助数学模型进行更深层次的研究。新的形势迫切需要非数学专业的学生也具备较好的数学基础，这样的基础决定了高校会培养出什么样的社会劳动者，而劳动者能力的高低决定了这个国家的经济发展水平和速度，所以高等教育的质量关乎着一个国家的发展水平。

为了让非数学专业学生拥有更强的能力，成为未来高素质的社会人才，从 20 世纪 90 年代开始，我国许多高校为经济管理类、文史类、法学类、政治学等院系学生开设了高等数学课。然而，随着越来越多的高校为非数学专业的学生开设数学课，出现的问题也越来越多，如许多学生（包括财经类学生和文史类学生）对数学的兴趣不高、不清楚所学知识如何应用、对数学畏惧、不及格率高等。笔者所在的团队曾对我国部分高校进行走访调查，发现许多高校在开办高等数学的过程中都遇到一系列令人头痛的问题，其中最大的共性问题是高等数学的不及格率非常高，多数在 10% 以上，部分高校的不及格率高达 25%~35%。居高不下的不及格率已经成为困扰学生和教师的首要难题。为了让学生尽可能地通过考试，教师不得不逐年降低试题难度，有的高校甚至为往届重修生单独出题，但仍然有部分学生直到大四还是不能通过考试。一方面，时代发展要求非数学专业的学生要拥有较好的数学基础；另一方面，学生学习数学的兴趣并不高，不及格率居高不下，这样矛盾的现状令高校教育工作者感到头疼和无助。目前，这些问题已经引起了一些学者的重视，他们针对高等数学教育中出现的问题进行了探讨和研究。如徐利治在 2000 年谈了自己对高等数学教育的一些看法，并给出了一些大胆而独特的改革建议；聂普炎强调了实验和软件对培养学生的动手能力的重要性；郑毓信谈了对数学课程改革的观点，并强调了高等数学教师队伍应专业化等。在众多教育工作者的关注下，有些学校已经开始组建专门的高等数学教学队伍，希望通过团队的力量进一步提高高等数学的教学质量。然而，现有的对高等数学教育的研究大多只片面地关注了教育体制以及高校本身存在的问题，而忽略了学生以及中学数学教育方式等重要影响因素。事实上，提高教学质量，绝不能仅靠高校进行简单的教育体制改革，学生自身学习态度、高校教育方式、教材质量以及教师重视程度等都起着非常重要的作用。本节从学校和学生两方面分别总结了影响高等数学教学质量的一些问题，并对这些问题逐一进行了分析。

二、高等数学教育中存在的问题

（一）学校在开展高等数学教育过程中存在的问题

笔者对国内一些知名大学的高等数学课程进行了调研，所调研的学校几乎对全校的非数学专业学生开设了高等数学课（一般包括微积分、线性代数和概率论与数理统计三门课），并针对不同专业学生对数学的需求进行了分层教学。不同层的学生使用不同的教材，设置不同学时。归纳这些学校的高等数学课，可以分为 3 ~ 5 类，教材内容由难到易依次为理工类（约 4 学期）、经济管理类（约 4 学期）、医学、城市规划类（约 3 学期）、文史类（约 2 学期）以及针对部分文科院系如艺术、外语等介绍数学思想、数学发展史的选修课（1 学期）。可见，数学已经成为 21 世纪各个专业学生必须学会的一门课程。这符合时代发展的需要，也能满足学生日益提高的技能要求。然而，在调研中也发现各高校在开展高等数学的教学过程中都存在着诸多问题，其中比较突出的共性问题有以下几点：

1. 各高校普遍重科研而轻教学

为更多的非数学专业学生开设高等数学课，目的是让更多的学生掌握数学思想，学会用数学思维思考问题、用数学方法解决问题。因此，数学课，尤其是非数学专业的数学课教学应该是一个动态的发展过程，是与社会发展紧密联系的过程。教师应根据学生的专业特点、知识储备情况等定期修改大纲，及时将数学的新应用和发展增加到课堂中去，让学生真正地了解学习数学的意义。然而，由于越来越多的民众开始关注高校排名，使得许多高校都比较重视教师的科研能力，而忽略教学技能，致使教师普遍把注意力放在了如何提高科研水平上，而没有精力去关注教学问题，更少有教师根据社会的发展及时增删知识。虽然许多高校对数学课采取了分层教学的形式，但是这种分层只是根据不同专业的学生对数学的不同要求将原有的高等数学内容进行了删减、调整，知识结构并没有根本的变化，对数学的应用讲解得不够，更没有及时更新知识。因此，高等数学课的教学内容普遍比较陈旧、教学方法单一、学生学习效果差、对数学的掌握和理解根本不能满足社会的要求。

原因分析及解决思路：重视科研而忽视教学，这是很多高校普遍存在的现象。许多高校为了提高自己的知名度，有个好的排名，鼓励教师多拿项目，多写文章。有的高校为了让教师多出成果，将职称评定标准不断提高，并对所有的教师实行科研考核制度。对于科研考核不合格的教师，不论其教学水平多高，学生有多喜爱，都进行惩罚甚至解聘。教师为了完成给定的科研任务，也为了达到越来越残酷的职称评定标准，不得不把大量的精力放在科研上，基本无暇关注教学问题。因此，要提高高等数学的教学质量，就必须纠正这种重科研而轻教学的错误导向。

2. 各地中学教材改革不同步，中学和大学的数学内容不衔接

20世纪末，国家开始推行素质教育，目的是培养综合素质高、生存能力强的新一代，减少只会学习的"书呆子"，使学生在德、智、体、美、劳等各个方面得到较好发展。但在推行过程中，一些地方的中学（包括家长）对素质教育的理解不够正确，误认为素质教育就是减负，为此开始对教材进行改革，删减了部分抽象复杂的知识，增加了一些大学数学课程较简单的知识。然而，为了能顺利考上大学，学生和老师仍然搞题海战术，学习的时间和强度都没有减少，所以学生的创新能力、思想品德、身体素质等多方面并没有得到显著提高。这样的改革效果是素质教育并没有真正实施起来，学生的数学基础反而下降了许多。另外，由于对学生的培养目标理解不同，各地中学对数学教材的改革方式也大不相同。一方面，许多地方的中学删掉了如极坐标、复数、反三角函数、空间曲面等知识，而增加了一些原本应在大学讲解的知识，如微积分、线性代数以及概率论等高等数学的部分内容。另一方面，有些省份的中学却把复数、反三角函数等知识当作教学重点，根本没有涉及过任何高等数学知识。中学数学改革得千差万别，导致各地学生带着不同的知识储备进入了大学。而大学数学并没有将中学删掉的知识补充进来，知识结构也没有根据学生的不同数学基础而有所调整。各地上来的学生不论基础如何，只要在同一专业，就上相同的数学课程。这种现象造成的结果是没有学过复数，反三角函数、空间曲面等知识的学生在大学时遇到这些知识就很难听懂课程，而遇到学过的高等数学知识时又觉得乏味、没有新意。前者使学生对学习产生畏惧心理，后者则会使学生有厌倦情绪，两种情形都直接对学生的学习效果产生了影响。

原因分析及解决思路：基于中学教材改革产生的影响，我们可以从以下几个方面进行改正，第一，纠正各地中学对素质教育的理解，不应删掉一些对学生将来学习很重要的知识，如复数的三种表示形式、反三角函数的相关知识等，这些知识在大学数学中都要用到，中学不考虑大学的教材内容一味地删减自己认为复杂抽象的知识，不是真正的减负，只是将学生的学习负担从中小学阶段推移至成年阶段而已。第二，应该对各省中学的数学教材进行统一改革。各地中学改革不统一，使得学生的知识储备差别很大，给高等数学的教育工作带来一定难度。第三，应将中学数学与大学数学看成是一个连贯的知识体系。学生从中学进入大学，学习的知识应该是连贯的、逐渐加深的，中学数学应是大学数学的基础。中学若想对教材进行改革，应和大学教材同步进行。中学数学如果需要删掉一些知识，那么大学数学教材应将其补充进来，而中学讲授过的知识大学数学应略讲或删除，这样才能让学生从中学到大学学到的数学知识是连贯的、系统的知识体系。

3. 高等数学普遍内容偏多，且重计算、轻应用

目前，我国许多高校的高等数学教材内容普遍偏多，计算量大且抽象枯燥，而对知识的应用讲解得不够。由于教学大纲规定的内容较多，教师每堂课都要忙于将规定内容讲完，每堂课上完教师都会感到十分劳累，少有时间与学生沟通、互动。教师虽然教得很辛苦，但学生的学习效果并不理想。因为学生的注意力普遍不能长时间持续，加上所学知识抽象难懂，很多学生到后期开始溜号、犯困，直接影响学习效果。另外，许多高等数学教材对数学的应用讲解得不多，使得学生学完所有的数学课后，仍不了解所学的知识到底有何用处。事实上，许多学生不重视数学就是觉得数学对其今后的学习和工作没有多大用处。在一次调查问卷中，有 73% 的学生认为数学对自己本专业的学习以及今后的工作是没有或少有用处的，这种认知极大地影响了学生学习数学的效果。

原因分析及解决思路：新中国成立后，我国高校的高等数学课是在苏联的帮助下开展起来的。受其影响，大多数版本的数学教材重理论和计算，且难度较大。近十几年，我国许多高校开始修改高等数学内容，总体来说难度是降低了，但计算量和理论知识仍然偏多，应用知识介绍得还是不够。如果我们能根据学生的专业特点以及时代的要求，适度修改大纲，删减或略讲抽象难懂、使用率不高的知识，而增加数学在其他学科和实际生活中的应用介绍，尤其是数学在日常生活中的应用，让学生意识到数学的强大和重要，这样学生自然会重视数学，努力学好数学。

4. 没有数学软件辅助教学，教学模式单一

在美国，许多高校的数学课上都要使用一些数学软件或计算软件来辅助教学。教师通过软件将复杂、抽象的知识形象化，使学生更好地理解所学知识。同时，教师还要求学生会用一种或多种数学软件计算习题、处理数据等。因此，美国的高等数学课上得生动有趣，学生普遍动手能力较强，并且在工作时很快能将所学知识应用于实践。而我们的数学课教学模式单一，主要以教师课堂抽象讲解为主，学生课下复习为辅。学生学习完高等数学后，基本上不会使用任何软件处理问题。

原因分析及解决思路：我国各高校的数学教师一般是学数学出身，计算机功底不够，大多没有能力自己研制、开发与教材配套的数学软件，也无力购买国外现成的数学软件。而计算机精通的教师又大多不懂数学，也没有动力去研发数学教学软件。因此，到目前为止，我国的高等数学课还只能靠教师通过语言来传递知识。如果我们的高校能重视数学软件的研发，鼓励数学教师和计算机教师联合研发适合教学的软件，或者学校出资购买国外现成的数学软件进行改进后用于我们的教学，那么，我们的数学教育在不久的将来会呈现出更强大的生命力，培养出的学生将更具竞争力。

5. 大班教学不利于课堂开展教学互动，应付考试成为教学目的

许多高校的高等数学课作为基础必修课，采取了大课堂教学的形式。经常是多个学院的学生一起上课，人数众多（一般 100 ~ 300 人）。大班教学的课堂效果并不好，教师很难照顾到每个学生，而学生，尤其是坐在后面的学生由于看不清黑板或听不清讲课而影响

了学习效果。这部分学生也极容易溜号而转做其他和数学课无关的事情。另外，由于数学课课堂容量大，用于课堂提问的时间非常有限，有的学生可能一学期也没有被提问过。长此以往，这些学生开始出现惰性心理，不断缺课。为了督促学生来上课，有的学校要求教师每堂课点名，但由于课堂人数众多，学生知道教师很难记住所有学生，所以经常出现点名时代答到、代上课的现象。这样一学期下来，教师虽然教得很辛苦，但是教学效果并不理想。

原因分析及解决思路：近几年由于高校扩招，许多高校的教学资源开始紧张起来。若为全校的学生开设高等数学课，势必需要更多的教师、教室以及教学设备等，大大增加了教学成本。可是新的社会需求又要求学生具备数学基础，所以大部分高校对高等数学课采取了大课堂教学的方式。这样既可以节约教室，减少教师的需求量，又可以满足社会对高校的要求。但是，从目前来看，这种大课堂的教学方式并不令人满意。由于大班不好管理，学生不及格现象严重，每年大批重修生严重干扰了正常的教学秩序。为了尽可能地减少学生不及格的比例，许多教师把学生通过考试作为教学目的，失去了高等数学课开办的意义。要想杜绝上述现象的发生，就必须限制每个教学班的人数。实践发现，一个班 60 ~ 80 人一般比较便于教师管理、开展教学活动。因此，建议每个高等数学课教学班的人数不要超过 80 人。

（二）学生在学习高等数学过程中存在的问题

让非数学专业，尤其是纯文科院系的学生学好数学绝不能仅靠学校、教师的努力，学生本身也是影响教学质量的重要因素。笔者通过多年的教学观察、访谈，并通过调查总结了四个影响学生学习效果的因素。

1. 学生自主学习能力差

在众多影响学生学习效果的因素中，学生自己的努力程度是最重要的因素。学生很清楚这一点，但很多学生总是由于种种原因而不能集中精力自主学习。我们通过问卷和面谈得到影响学生主观能动性发挥的原因主要有以下三方面：（1）新生会陷入"失重"状态，影响了主观能动性的发挥。大多高校都将高等数学课作为基础必修课为刚入学的学生开设，而刚刚走进大学的学生，突然离开父母，开始独立生活，很难适应。大部分学生不能很好地安排学习和生活，也不适应集体生活模式和陌生的环境，使得一些学生在大学的第一年都处于"失重"状态，学习没有计划，作息没有规律，晚上经常熬到下半夜，但具体因何事熬夜却说不清楚，第二天在课堂上犯困，听课效果很差。（2）缺少教师和家长的督促，自我控制能力差。大学里经常举办各种社团活动，尤其新生入学，各种招新活动更是应接不暇。学生没有教师和家长的督促和看管，容易被丰富多彩的校园生活吸引而在不知不觉中懈怠。（3）授课方式改变，学生开始很难适应。大学的数学课程一般上课时间长、内容多、速度快，大学教师又不像中学教师那样每天督促学生学习，使得许多学生处于忙乱状态，不知道该怎样适应这种快节奏的学习方式。另外，大学平时测验少，有的课程只在期末才会进行考试，使得许多学生在学期中松懈下来。

2. 学生对数学的兴趣不高

笔者在对中国人民大学近 1000 名非数学专业学生的调查统计中发现，将近一半的学生对数学课的兴趣不大。为什么会有这么多的学生对数学提不起兴趣？分析原因主要有以下几点：（1）中学数学学习模式的影响。大多数中学为提高高考成绩，在讲授数学课时采用题海战术，让太多的学生对数学产生了畏惧心理，一些学生反映他们在没有上数学课前就已经开始惧怕数学了。（2）高等数学的学科特点。高等数学课的内容普遍偏多，知识抽象难懂，相对于其他专业课程来说，学习起来更累。很多学生反映上数学课太累、太难，作业太多，提不起兴趣。（3）教师授课风格的影响。有的数学教师讲课严谨认真，但比较古板，缺乏调动学生积极性和兴趣的必要手段。（4）重复学习。中学学习过高等数学内容的同学再次学习时会感觉乏味、无趣。（5）师生沟通不足。大学教师不坐班，上完课就走，与学生不熟悉，更缺乏必要的沟通，教学过程中容易出现问题，这些问题以及教师的态度反过来也直接影响了学生学习高等数学的兴趣。

3. 学习方法机械

首先，中学数学教材内容少，且天天有数学课，教师会把解题步骤、技巧等讲得很细致，并配备大量练习来反复训练学生，使学生养成了过于依赖教师的习惯。其次，由于高考的压力，许多地方的中学在数学课上对学生进行反复训练，让学生像机器人一样精通各种题型，这种训练方式让学生误认为只要多刷题，用题海战术就可以学好数学。然而，大学的数学课容量大、教学速度快，内容相对于中学数学来说更复杂抽象，而教师一般只是讲解典型例题，不会带领学生大量做题。学生如果还想像中学那样依赖教师搞题海战术、机械地做题，不但非常辛苦，不能真正学懂数学，而且教师也不会配合。因此，许多学生抱怨数学课是大学中最为"纠结"的一门课。那么怎样才能轻松学好高等数学？对于大学生来说，应明白大学数学不同于中学数学，要尽快改正过分依赖教师、搞题海战术的学习方法。高校学生，尤其是新生应尽快使自己适应大班教学、长课时的授课方式，养成课前预习、课后复习的习惯，认真听好每堂课，灵活掌握各个关键知识点，定期复习各章节的知识结构，及时将不会的问题解决掉。而对于教师而言，应教会学生如何科学支配好课堂及课下时间学习数学，教会学生根据一些典型例题掌握与之相关的一类题，从而学好整个知识点，让学生用尽可能少的时间学好数学。对于刚入学的新生，教师还可以在学生中成立学习小组，由助教或高年级的学生负责各个小组的学习和作业情况，高年级学生通过传授学习经验、方法等帮助新生尽快找到适合自己的学习方式。

4. 学生适应不同教师的能力差

不同的教师会有不同的授课风格。有的教师幽默、风趣，有的则相对古板、严肃；有的教师喜欢在课堂上谈古论今，而有的教师则是满堂课讲解大纲要求的知识。近几年，随着多媒体技术、计算机软件的普及应用，一些教师，尤其是年轻教师已开始将多媒体、计算机技术应用到了课堂上。他们的课堂风格新颖，趣味性更浓，高端的技术手段往往令学生耳目一新，大大提高了数学课的趣味性。但也有一些教师，尤其是老教师还在沿用老的教学手段，一支粉笔走天涯。还有一个影响教师风格的因素是语言，大部分高校教师的普通话都很标准，学生很容易接收知识信息，但也有些教师带有浓重的地方口音，学生听不懂，使得听课效果大打折扣。总之，不同的教师会有不同的授课风格，而学生一般是以选课的形式修完所有数学课程，许多学生反映在每学期初的一个月，由于不适应教师的讲课方式或口音而导致学习效果不好，虽然后来会慢慢适应了，但开始阶段学习的一些基础性的知识不能很好地掌握，这将直接影响后面的学习效果。

多媒体等教学手段应用得好确实可以提高教学效率，不能强制要求所有教师都把多媒体技术应用得好，也不能要求所有的教师都拥有纯正的普通话、具有幽默细胞，都在课堂上谈古论今显然也不实际。因此，我们一方面建议学生尽量选择相同的老师，这样可以省去适应阶段，直接进入自己所熟悉的学习状态。另一方面，建议各高校重视学生对教师的反馈意见，督促教师重视学生的意见，尽自己所能将数学课上得清晰、生动，使学生在数学课上不仅收获知识，也能收获快乐。

社会的不断发展对高校培养人才提出了更高的要求。高校作为向社会输送人才的基地，应根据社会的发展不断调整培养学生的目标，使之更好地适应快速发展的社会。高校为更多的非数学专业的学生开设高等数学，就是希望学生能掌握一些数学方法、技能，提高他们分析问题、解决问题的能力。但是，在中学的教育方式、大学本身的管理方式以及学生自身的学习方法等因素的直接影响下，高等数学教学工作在开展过程中出现了很多问题，严重影响了教学质量。若要提高高等数学的教学质量，提高学生掌握知识、应用知识的能力，就必须解决这些问题。本节系统总结了现阶段我国高校在开展高等数学教学过程中比较常见的一些问题，对这些问题形成的原因逐一进行了分析，并针对这些问题给出了解决思路，希望这些分析能对教师和学生有所帮助。

第二节　高等数学教育现状

高等数学所指的就是理工科类大学当中所开设的非数学专业的一门基础类课程，它对于学生来说是极其重要的。然而，伴随着我国教育体系的不断改革，传统类型的高等数学教育已经逐渐不能够满足学生本身以及社会的需要了。基于此，笔者结合当前的教育现状来对如何提高高等数学的教育水平提出了几点建议。

一、高等数学教育的现状

高等数学在理工科大学当中是非常重要的一门基础类学科，虽然它的存在是必需的，但是也不可避免地存在着一些各种各样的问题。例如课程内容同实际应用严重不符、学习内容同实际目标不匹配等。为此，高等数学的课程内容与教学方式都应该做出相应的调整，让其能够与学生今后的实际工作接轨，继而将高等数学的应有效能充分地发挥出来。

（一）课程内容同实际应用不符

对于刚刚接触高等数学这门科目的学生来说，由于他们本身对此门科目了解甚少，所以根本不懂得如何将相对枯燥乏味的理论性知识同实际练习联系到一起。高等数学教育的根本目的就是让学生在课堂中尽可能多地掌握一些具有实际意义的知识与常识，继而让他们能够将这些知识应用到自己今后的生活与工作当中。但是就我国目前高等数学的教学现状来看，很少有学校能够达到这一水平。

（二）教学方法过于陈旧

受我国应试教育的影响，高等学校的教师还在使用最传统的"啃书本"和"烂笔头"的教学方式。在这种情况下，学生只是一味地处于被动接受状态，根本没有机会和时间去锻炼自己的发散性思维与创新能力。此外，由于条件限制，在课堂当中很少会应用到一些多媒体的高科技设备，很大程度上影响了高等数学的现代化发展速度。

如今，我国很多高校都在实行扩招政策，不但很大程度上降低了学生整体的质量水平，同时还使得原本就不充裕的师资力量变得更加的匮乏。其中，尤其是像高等数学这一类的基础学科，伴随着学生人数的突然增加，教师的基本课时也需要随之加大，继而就出现了中国式的"百人课堂"。长此以往，学生长时间处在这样的学习环境当中根本无法同教师进行密切的沟通和交流。

二、高等数学教育的改革策略

（一）革新传统的教学观念

"改革"二字所针对的不仅仅是学校，其中还包括国家的教育部门以及社会的人文环境等。在改革中，教育机构应该将高等数学的教育问题列入科学研究的领域当中，继而让社会各界的众多教育学者都能够加入此项研究的工作当中。此外，在课程内容的设置方面应该做出如下两方面的改革：首先，对当前的行业现状与发展动态进行充分的掌握，继而对现行的高等数学课程内容做出适当的调整；其次，教学大纲应该同实际岗位中的管理规范高度匹配，让学生能够在课堂当中对自身的操作技能与应用水平进行进一步的提高。

（二）深入开展校内教师的再教育工作

首先我们应该明确的一点是，对传统教育进行改革的目的就在于提高学校整体的教学水平。教师不仅是学生学习的榜样，同时也是学校教育水平的基础保证。为此，只有拥有一支高能力、高素质、高水平的师资队伍，才能够将教育改革的最终意义充分地发挥出来。在今后的改革工作当中，校方应该更加深入地开展对校内教师的再教育工作，其中的教育内容应该包括基础理论教育、道德教育、数学哲学、数学方法、教育思想以及教育规范等。

让教师能够在一次次的学习当中充分地意识到自身的不足，继而有效地提高自身的专业技术等级与个人素养。此外，在教师的再教育课程当中也应该适当地加入一些心理学方面的知识，以便能够帮助他们更好地揣摩学生的心思，制定出更加适合他们的教学大纲。

学校管理者应当积极地鼓励教师去参加培训课程，让他们知道，一名优秀的教师不但需要具有充足的专业知识储备量，同时还应该拥有高尚的品德和修养。只有在育人的同时不忘了育己，才能够在教育的路上越走越远，继而为国家和社会培养出更多优秀的人才。

（三）革新传统的教学方法

如今，很多高校中的教师还沉溺在传统的"满堂灌"式教学方法中难以自拔，自顾自地在课堂上眉飞色舞地教授，却不知下面的学生早已魂飞天外了。基于此种情况，我们必须要对传统的教学方法进行进一步的革新，在课堂中尽可能多地引入一些多媒体设施。伴随着互联网与计算机的高度普及，教师也可以将这些宝贵的互联网资料带到课堂之中。举例说明，教师可以将校内网作为媒介，创建一个名为"高等数学培训"的板块，根据课程内容加入一些名师讲课视频以及学生课后习题等。此外，学生还可以通过这一系统来与教师进行在线实时交流，及时将自己所遇到的问题反馈给教师。这种方式不但拉近了师生之间的距离，同时还让原本单一乏味的传统式教学方式变得更加的具有多样性和趣味性。

（四）对考试方式进行改革

在上文中提到过"应试教育"，这种中国式教育体系在无形当中制约了高等数学教育水平的提高。基于此，校方可以尝试对考试的方式来做出些许的调整，让学生在注重理论性知识的同时也考虑到对个人数学素质的培养。

笔者建议我国的教育部门取消高校当中的期中期末考试，实施集闭卷答题、论文答辩、实验报告以及课程评价于一体的多元化考核制度。其中应该将重点放在日常的小型课题考试当中，这种做法不但能够消除学生对于考试的恐惧心理，同时还能够锻炼他们的思考能力和查阅资料的能力，从根本上提高学生对于高等数学课程的学习积极性。

第三节　高等数学教育的大众化

随着社会的发展，高等教育大众化已经成为现实，数学的重要性已经被人们所认识，数学大众化的思想也逐渐被人们接受。我国高校大规模扩招使高等教育正从精英教育转向大众化教育，在校学生的个体差异和数学基础的差别也越来越大，因此高等数学的教学不能还是同一个模式、同一个要求。新的教育形式对传统的高等数学教学模式产生了强烈的冲击，原有的教学方式已经不适应新的教育环境，必须改变，这必然导致大学阶段整体教学内容增加更新、单科教学删繁就简。

高等数学作为一门大中专科院校的基础课程，对于学生逻辑思维能力的培养起着非常重要的作用。随着时代的进步和科技的发展，各种知识增长速度越来越快，高等数学基础课的作用也越来越明显，也越来越受到各大中专科院校的重视。不同专业的学生不同程度需要学习高等数学，而学生对此的反应较为冷漠，学习高等数学的积极性普遍不高，学习兴趣普遍不浓，甚至有厌学、拒学的情绪。分析学生的中考、高考成绩，很容易发现大、专科院校特别是专科院校的学生数学基础知识较差，从小学到初中、高中学习素质培养不够，不少学生的看图、作图能力非常低，数形结合的能力较为欠缺。又因为大中专科院校很多专业是文理兼招的，有相当一部分的学生特别是文科出身的学生，存在高等数学无用论的错误思想，认为只要不是数学专业，高等数学在今后的工作中用处不大。这种肤浅的认识导致这些学生缺乏对高等数学进行探究的动力，在学习上一遇到困难就选择放弃，也就没有学习的毅力和决心。还有就是现行的高等数学教材的内容的问题，一般的高等数学教材其理论性、抽象性、连贯性都很强，过于偏重理论而脱离实际，和现实生活联系紧密的实际问题不多，给学生一种枯燥无味的感觉，这样很容易挫伤学生的学习兴趣。要改变这种现状，唯有教师在教学方面多想办法，改变高等数学传统的教学方式，在教材上下功夫，教学内容要贴近生活，教学用语要通俗易懂、深入浅出；正确处理好教学中直观与理论、深入与浅出、对比与联系的关系，尽可能使高等数学大众化、通俗化、生活化。

一、概念的大众化

数学概念是反映数学对象本质属性的思维形式，其定义方式多种多样，有描述性的，有指明外延的，有概念加类差等。理解并掌握数学概念的本质属性，了解其所涉及的范围，这对准确应用概念进行判断是大有益处的。

高等数学作为一门基础学科，概念的教学是课程教学的基本内容和重要组成部分。学生理解了高等数学的相关概念，有利于提高学生学习高等数学的兴趣，也有利于学生了解、理解、掌握和应用高等数学的相关知识。而对于刚刚进校的新生来说，要把理论性和抽象性都较强的高等数学的概念理解透彻是很不容易的。因此教师在教学高等数学的相关概念时，要用一些通俗易懂的生活化语言阐述概念，和生活相关才能更好地让学生理解。

例如，用"$\varepsilon - N$"语言来定义数列极限，学生往往对数学语言理解不透，或者说比较难理解。教师这时候可以采用生活化的语言进行解释，学生中有些同学之间关系很好，经常在一起，可以说是"亲密无间"，也就是说两人之间没有距离。关系越来越亲密，也就是两人之间的距离越来越小。$|a_n - A| < \varepsilon$，当 $\varepsilon \to 0$ 时，表示 a_n 与 A 之间的距离为 0，也可以认为 a_n 无限接近 A，即数列 a_n 的极限为 A。

又如，对于函数的连续性理解。一般教材上都是用极限的"$\varepsilon - \delta$"语言来定义的，对于很多文科出身的学生来说，极限本身就是一个很难理解的概念，再加上数学语言，更不好理解了。对于大专院校的非数学专业的学生，不一定要掌握极限的"$\varepsilon - \delta$"定义，只要能理解描述性定义就可以了。一般来说，一个函数的图像对应的是一条曲线，函数在某个区间上连续，就是指在这个区间上的任何一点都没有断开。简单地说，就是在这个区间上函数的图像可以用一笔画出来，中间没有停顿。

二、定理的大众化

一个定理包含条件和结论两部分，定理是经过反复证明了的正确理论，在证明过程中将条件和结论有机地连接在一起，而学习定理是为了更好地应用它解决各种疑难问题。在高等数学中，定理及其应用占了很大篇幅。定理、公式、法则是概念的延续、复合、升华。一方面对定理、公式、法则的理解有助于加深概念的理解掌握；另一方面，定理、公式、法则是理论联系实际的桥梁，是学好数学解决实际问题的重要方法和手段。在传统的高等数学教材中对于定理以及定理的证明都是纯粹的数学语言来描述的。只有用大众化的语言解释说明定理、公式、法则，使得大部分学生都能听得懂，才能更好地体现定理、公式、法则的重要性，从而更好地应用定理、公式、法则。

例如，在闭区间上连续函数的性质的学习中，最值定理、介值定理、根的存在定理和一致连续性等定理的理解。让学生用数学语言来描述就不太容易，更难接受纯理论性的证明过程。借助数形结合的方法，在函数的图像上来看这些定理就很容易理解。

在闭区间上连续的函数在该区间上一定有最大值和最小值。这就是说，如函数 $f(x)$ 在 [a, b] 上连续，那么至少有一个点 $\xi \in$ [a, b]，使得 $f(\xi)$ 是 $f(x)$ 在 [a, b] 上的最大值或者是最小值。这就好比在桌面上建立一个直角坐标系，固定两个点，两点之间用一根线来连接，这个时候桌面可以看作是一个平面，而连接两个点的线则看作是函数的图像曲线，这个线上总有一个最高点，也总有一个最低点。而两个点是固定的，线长也是有限的，线上的任何一点的高度都是在最高点与最低点之间，因为整个线是没有断开的，所以最高点与最低点之间每一个高度线上都有一个对应点，因而就很容易理解介值定理了。这时候要是两个固定的点一个在横轴上面、一个在横轴的下面，也就是使得函数值一个是正的、一个是负的，那么至少会有一个点使得线与横轴相交，也就是函数值为 0，由此零点定理得到了相应解释。

三、应用的大众化

数学是在解决生活中的问题时而产生的，学习数学的最终是回去解决实际生活中的问题。应用是学习高等数学的最终目的，也是学习数学的灵魂和精髓。要解决实际生活中的问题，一般需要一定的理论基础，首先将生活问题转化为数学问题，建立数学模型，通过数学公式计算论证等解决数学问题，得出结论应用于实际生活。在教材的处理上要从后继课程的需要和实际生活中的需要出发，充分介绍现实生活中的应用，让学生了解学习高等数学可以使我们生活中的难题得以解决，体现出高等数学的重要性，从而增加学习的动力和自觉性。

例如，函数极值与一阶导数的关系。一般地，设函数 f(x) 在点 x0 附近有定义，如果对 x0 附近的所有的点，都有 f(x) < f(x0)，我们就说 f(x0) 是函数 f(x) 的一个极大值，那么这时候我们可以从图像上清楚地看到在 x0 附近，在它的左边，函数 y=f(x) 是增函数，图像是不断上升的，此时曲线上点的切线的倾斜角 α 是在 0° ~ 90° 之间，故切线的斜率 k > 0，即 f'(x) > 0；而在它的右边，函数 y=f(x) 是减函数，图像是不断下降的，此时曲线上点的切线的倾斜角 α 是在 90° ~ 180° 之间，故切线的斜率 k < 0，即 f'(x) < 0。同样的，函数 y=f(x) 在 x=x0 处取得极小值的情况与上述情况正好相反。这样就把函数的极值、一阶导数与曲线的单调性、直线的斜率、直线的倾斜角这些简单易懂的知识点结合在一起，就能使学生非常容易理解和应用。

大众化教育模式下的高等数学的教与学有别于原有的精英教育模式，教师在教学过程中只有充分挖掘现实生活中高等数学的素材，才能不断拉近高等数学与大中专科院校普通人群的距离。高等数学的大众化、生活化，就是要被大中专院校普通人群接受认可，教学内容密切与生产生活实际相联系，从而真正体现出高等数学来源于生活，又要高于生活，最终服务于生活的本质。

第四节　高等数学教学中融入情感教育

在教学活动中，教师在课堂上的情感投入，能够对课堂和教学的质量产生重要的影响，将情感教育融入课程教学环节中，对于优化课堂教学，丰富课堂知识以及促进学生的兴趣提升与全面发展，都具有十分重要的意义与价值。高等数学在高等教育中处于基础地位，对每一个学生尤其是理工科学生的思维模式产生重要影响，因而，在高等数学的教学环节融入情感教育有一定的必然性和科学性。

一、高等数学教学中融入情感教育的重要作用

在当今时代，随着国家经济的迅速发展，高等教育过程中呈现出较为浮躁和功利的现象，这种趋势和现状对高等数学教学产生了巨大的影响。因为高等数学的学习和发展，具有一定的稳定性和艰苦性，需要长期坚持和磨炼才能在高等数学学习中有所突破。

高等数学教学中融入情感教育，有利于提升学生对高等数学学习的兴趣和积极性。学生在高等数学学习过程中，之所以学习兴趣不高，多因为"畏难"心理和情绪，也多因为在高等数学学习过程中难以获得成就感和自豪感。教师融入情感教育，能够让学生树立具体目标，在学习过程中具有一定的获得感，也就能够极大地提升对高等数学学习的兴趣和积极性。

高等数学教学中融入情感教育，有利于增加学生对高等数学学习的投入和付出。在高等数学学习过程中，较多学生存在应付现象。仅仅完成课后习题或者仅仅以通过期末考试作为最终目标，没有切实投入到高等数学的学习中。教师融入情感教育，能够让学生切实感受到高等数学的魅力，能够让学生真正地去把握和探索高等数学的内涵和本质。

高等数学教学中融入情感教育，有利于鼓励学生了解高等数学学习的价值和作用。在课堂教学外，教师应当关注学生的成长发展和职业规划。在高等教育过程中，学生的成长是综合的成长和发展，在学习、生活中会遇到种种问题和困惑，高等数学教师关注学生成长发展有利于帮助学生解决职业迷茫，激发学习动力。

二、高等数学教学中融入情感教育的必要条件

如前文所提，高等数学在高等教育环节和过程中，具有特殊的意义。其教学内容中所包含的积分理论、极限思想、空间几何等，都构成了其他学科的重要基础和基本理论，运用高等数学中的思想能够解决各类复杂问题，之前就有数学家谈到，没有哲学的话我们不会真正懂数学，而如果没有数学的话我们不会真正懂哲学，如何两者都没有，那么我们的生活也将毫无意义。因此高等数学教学中融入情感教育是必需的，同时，高等数学教学中融入情感教育也应当具备以下几个条件。

高等数学教师应当深爱着自己的职业和工作岗位。如果高等数学教育者本身对工作岗位都没有热情和热爱，那在高等数学教学中融入情感教育的前提条件也就是不存在的。教师是世界上最阳光的职业，而兴趣也是最好的老师，尤其是高等数学教师，尤其应当深深地热爱自己的课堂和专业。

作为高等数学教师，其基本理论知识和专业基础必须扎实。融入情感教育，是在知识教育的层面再上升一个层次，而一旦第一个层次都没有做到或者做好，是无法上升到情感教育的层次中的。也只有首先具备了扎实的高等数学理论基础，才能够实现将高等数学中的数学思想与其他学科交叉研究，构建系统的框架和知识体系，才能够做到拉近学生的距离，深入浅出教授知识的方法才能够让学生易于接受，提升积极性。

三、高等数学教学中融入情感教育的重要路径

课堂教学，根据教育环境和教育场所的不同，可以分为室内教学和室外教学，在高等数学教学过程中，虽然在绝大多数时间中是室内教学，但是对教师在课堂以外的素质能力要求较高，在室内和室外，教师融入情感教育的路径方法和展现形式也不尽相同。

在室内，教师融入情感教育，体现教育情感投入的重要途径主要有三个方面。

第一，也是最基本的，教师应当对自身所教授的课堂知识熟练于心，备课充分，应当具有深厚的学术造诣，也只有这样才能够真正教授学生。

第二，教师在课堂的教学中，感情饱满，应当注重教师的仪容仪表，不能在教学过程

中表现出随意的教学态度。

第三，教师在课堂教学中应当努力做到理论与实践相结合，将高等数学中较为复杂的学术问题和理论难点与实际生活相结合，通过具体的案例和解决实际生活中的问题作为教育教学的切入点，从而达到教授知识的最终目的。

在室外，教师融入情感教育，体现教育情感投入的重要途径主要有两方面的具体内容。

第一，在课堂教学外，教师应当为学生答疑解惑，并与学生探讨交流。在高等数学教学过程中，往往存在下课后学生与教师几乎没有交流的现象。因此，教师在课堂外，留有与学生交流探讨的时间，不仅对学生的学术和知识提升有一定的帮助，同时对于促进师生交流、增进师生情感也具有重要意义。

第二，在课堂教学外，教师应当与学生建立良好的师生关系，经常深入学生的学习和生活中，做学生学习和生活的引路人，缩短教师与学生的距离，才能够在高等数学教育中产生良好的教育效果，切实激发学生对高等数学学习的重要热情。

四、高等数学教学中融入情感教育的重要技巧

（一）应当注重教师和学生的第一次接触

与学生的第一次接触是建立师生之间感情沟通和信任的重要举措，是实现融入情感教育的重要技巧。学生对教师的第一印象，往往决定了是否会与教师真正走近，因此，教师应当特别注意在学生面前的第一次展示。注意面部表情、注意语言表达，以饱满的热情和充分的准备对待第一堂课，这也能够有效地为之后的情感融入教育奠定基础。

（二）应当注意捕捉学生的兴趣点，不断激发学生的学习兴趣

当代大学生的猎奇心理较为凸显，可以通过将数学知识与历史上的故事或者生活中的奇妙现象结合起来，以讲故事的方式，给学生传授相应的知识。将学生带入情境中，在生活场景中思考数学知识，感受高等数学的独特魅力。

（三）培养学生学习数学的良好习惯

让学生切实感受到高等数学的重要性，让学生在其他学科学习过程中，能够感受到数学的基础作用。能够感受到高等数学在建设学生思维模式、构建学生的系统化视野方面的作用，努力为学生提供平台。

第五节 高等数学教育价值的缺失

为了能够更好地发挥高等数学的教育价值与教学作用，教师应该在今后的教育工作当中更加注重对专业知识内涵的挖掘工作。本节从自身角度出发，针对高等数学教育价值的

缺失进行了深入的研究，其中包括高等数学的教育价值、高数教材的思想内涵以及高数教材当中的人文内涵等，以期能够给各位同仁带来一些具有参考性的意见。

高等数学对于理工科高校当中的大学生来是非常重要的一门基础类学科，然而，由于受到当前我国应试教育体系的影响，很多本专业当中的教育者都忽视了对高等数学的价值与内涵进行深度的挖掘。笔者通过多方面的查找，发现具有现实意义的研究成果数量较少，并且在水平上也还有着较大的进步空间。基于此，笔者结合自身经验对高等数学当中的价值缺失现象进行了分析，并尝试总结了几点可行性较高的应对措施。

一、高等数学的教育价值

我国当前的高等数学教育体系尚不成熟，再加上此学科的历史研究文献过于匮乏，所以也就无从谈起有着教育价值的存在。那么，到底是何种原因造成高等数学的研究历史如此缺少呢？笔者总结出了如下三点原因：首先，目前我国高校当中的课程普遍安排得非常满，所以教师根本没有时间和精力去研究课程的价值历史；其次，我国大部分高校的高等数学课程教师一般都是身兼数职，专业的数学教师虽然本身的专业技能与教育水平都比较高，但是对高等数学的教育经验却不一定丰富，继而也无从谈起开展对高等数学教育课程的价值研究工作了；最后，就我国目前的教育现状来看，高等数学的教学内容同教学历史价值的研究工作根本无法紧密地结合到一起。当向学生讲述有关高等数学的价值内容时，教师不应该直截了当地向学生单纯灌输一些纯理论方面的内容，而是应该利用数学历史当中的价值闪光点与实际的课程内容联系起来，继而达到提高学习积极性的最终目的。

为了改变当前高等数学教育价值匮乏的现象，校方可以通过开设数学史选修课程的方式。然而应该注意的是，这种方式如果运用不当的话就会让数学史课程变得非常的枯燥和乏味，让学生对此门课程产生负面情绪，达不到预期的教学效果。更加合适的做法应该是，将数学史的理论内容与高等数学课程紧密地联系到一起，同时教会学生如何去灵活运用数学史来提高自己的学习能力。这种做法不但能够增强学生对历史的洞察能力，同时还可以提高他们对数学概念的领悟能力。为此，教师需要明白，向学生传授数学历史的课程内容其实就是在向他们讲授如何学习高等数学的经验与价值。举例说明：当学生在学习调和级数之和的计算方法时，他们经常会对其计算结果的无限性特点非常感兴趣，教师可以充分地利用这点来让学生自己去探索和寻找真相。或许在最开始的时候学生会觉得这种探索的过程异常的困难与枯燥，通过教师一步步的引导，他们会渐渐地接近谜底，当他们将自己的解题思路与方案提出后，教师就可以适时地向他们讲授历史当中数学家们的解题方式。

二、深度挖掘高数教材中的思想内涵

在开展高数教学的过程当中，有效运用数学思想的力量是极其有效的一种教学手段。为了能够让大学生从根本上了解高等数学的重要性与显性价值，教师应该让他们深刻地了解到数学思想在自主学习当中的重要性。举例说明，教育者在向学生教授高数教材当中的"定积分"课程时，应先向他们阐述在此次学习内容当中所能够用到的各种思想方式，如分割、逼近、换元和划归等。其中比较主要的一个即为化归，我们又可以称之为不定积分。合理地运用数学的思想方式，不但能够充分地调动起学生的发散性思维模式，同时还可以让他们充分地意识到深度挖掘教材内容的重要性。此外，由于学生本身的阅读能力和学习能力不是非常成熟，所以在进行极其复杂的证明解题时无法正确地将最为主要的思想方式显现出来。因此教师应该充分考虑这一问题，同时引用些较为典型的例子来帮助学生去寻找正确的思想方式。

三、深度挖掘高数教材的人文内涵

高数教材就如同是一个冰山美人一般让人觉得难以接近，所以对于初经世事的大学生来说，根本不能自如地去领悟其中所蕴含的人文气息。基于此种情况，教师需要在原有的教学大纲中适当地加入一些人文内容，包括数学理论的来源和发展历史、数学家的解题思路简介以及具体的生产实践方法等。此外，在人文教学内容当中还应该向学生展示出攻克数学难题所必须具备的坚韧精神和执着精神。举例说明，在向学生讲述高数教材当中的积分课题时，需要连带告知学生积分理论是来源于牛顿和莱布尼兹所研究的流数理论和上三角形特征论。这两位伟大的数学家都是历经了千辛万苦，牺牲了无数个本应该同家人和朋友相聚的美好时光才探索出来的。随后，当积分论被提出后，有很多学术界的研究都在争论这一数学理论的归属权，而牛顿与莱布尼兹却不以为然，一直都用高风亮节的态度来面对外界的争论和质疑。通过这些内容的介绍，学生能够更加珍惜当前所学习到的这些宝贵的高数知识，深刻认识到今天的学习来源于历代科学家与学术研究者不辞辛苦的研究，继而让自己今后的高数学习生涯变得更加和谐和愉快。

第六章 高等数学教学模式研究

第一节 基于微课的高等数学教学模式

伴随着信息科技技术的快速发展，教育信息化已然成为不可逆转的时代潮流。其中微课当属教育信息化的典型模式之一，其在推动教育信息化发展方面功不可没。目前，将微课教学模式引入高等院校教学中，切实提升教学质量，已经成为高等院校教学中亟待研究的重要课题。因此本节以高等数学为研究对象，探究如何将微课和高等数学教学模式融合到一起。

一、微课基本概述

微课的概念诞生于 2008 年，最初由美国新墨西哥州圣胡安学院的高级教学设计师、学院的在线服务经理 David Penrose 提出。他将课程的要点进行提炼，并制作成十几分钟的视频上传到网络上，而后被称之为"一分钟教授"。相对于国外来说，国内关于微课的研究起步相对较晚，2010 年广东佛山教育局的胡铁生提出了微课教学理念。他指出，微课主要基于视频这种传达方式，将教师在课堂教育教学中围绕某一个知识点或者教学环节展开的精彩教学活动全过程录制成视频。其特点如下：

（一）教学时间

微课教学内容中最为关键的载体就是教学视频。该视频要求短小且精悍。依据学生的认知特点以及学习规律，其注意力的高度集中时间不宜太长。通常而言，最佳的微课时长应该为 5 ~ 8 分钟，同时需控制在 10 分钟之内。

（二）教学内容主题明确

微课的内容必须完整，并且通俗易懂，能够在短时间内完整呈现相关知识点，同时还容易被学习者接受，有利于提升教学效果。同时微课视频中不仅仅包含有文字内容，还有图片、声音等内容，能够更加生动地阐述知识点全貌，便于激发学生的学习兴趣，提升学习效率。

（三）教学模式便于操作

因为微课主要的传达方式为视频，且其容量较小、内容精悍。运用网络传播平台便可以实现在线观看微课视频的功能，也可以实现师生间的视频交流学习。在微课教学模式下，学生不仅仅局限于教室和学校，尤其是随着信息技术和网络技术的不断发展，学生能够利用手机、笔记本、iPad 等移动终端来实现微课学习。可以说，微课不再受地域以及播放终端的约束，能够实现跨时空、跨区域的移动学习。

二、高等数学微课设计的主要类型

（一）课前预习微课

学生在中学时期已经初步接触了部分高等数学的基础内容。由于高等数学的应用性相对较强，因此教师开发设计微课时，需要恰当把握学生已有基础知识和新知识之间的契合点。或者依据知识点相关的实际问题，设计一个简短的引入片段。例如，可以将变速直线运动的瞬时速度问题以及曲线的切线问题设计为导数概念的课前预习微课内容。学生可以利用手机或者是平板电脑等在课前观看预习微课，从而为新课的学习奠定基础，取得听课的主动权。

（二）知识点讲授式微课

高等数学的教学内容较为丰富，知识点也比较多，学生在学习的时候，难以把握好重点。因此教师在制作微课的时候，应该将其中一个知识点作为一个单元，尤其要针对其中的重难点问题设计微课。例如关于函数、极限和连续模块的微课，就可以设计为初等函数的概念、函数极限的定义、等价无穷小、重要极限、函数的连续性、函数的间断点和分类、零点定理等。要求和知识点相关的微课设计短小而精悍，突出重难点。学生可以依据自身的实际状况，随时进行学习，同时将其纳入自身的知识体系中去。

（三）例题习题解答式微课

对于学生集中反映出的典型例题或者是习题，将其设计成为微课也可以满足学生的不同需求。例如求函数极限的不同方法归纳及典型例题、积分上限的函数求导问题、利用不同的坐标系来计算三重积分等。将这些典型的例题和习题分类整理制作成为微课，让学生反复进行观看，能够起到举一反三的重要作用。

（四）专题问题讨论式微课

高等数学的知识点既来源于实际，又应用于实际。因此在实际教学过程中，教师应结合不同学生的专业背景，结合相应的知识点，设计一些小的专题，组织学生开展小规模的讨论并制作成微课。这样学生就能够利用微课不断巩固相关知识要点，对提高学习效率作用甚大。

三、高等数学微课教学模式实施

在高等数学教学中引入微课，教师需要首先综合分析教学目标、教学对象和教学内容，同时运用信息化的教材或者是微信平台，将微课视频教学资源进行发布。同时教师还应该结合不同学生的专业背景，设计一些针对性的问题，以便学生能够自主通过查阅相关资料并结合自身所学来加以分析和解决。此外，学生还可以通过微课视频自主组织学习或者是分组协作学习，反复思考，从而不断构建自身的知识体系，同时将相关问题带到课堂上进行讨论和交流。

在高等数学课堂上，教师需要认真分析和总结学生提出的难点和问题，找到学生普遍难以理解的共性问题，且具备一定探究意义的问题，组织学生开展小组讨论，以便于培养学生的自主探究问题和解决问题的能力。课堂最后，教师还应该结合微课视频，将知识点中的重难点进行系统的归纳和总结。教师逐渐由课堂知识的传授者转变为组织者、合作者以及释疑者，学生则变成了课堂的主角和知识的挑战者。课堂授课结束后，教师还应该分发微课视频给学生，以便于学生反复观看，更好地巩固相关知识要点，同时引导学生自主进行总结学习，并对学生提交的总结予以反馈评价。引导学生开展网上互动讨论，以激发学生的学习热情。

例如，在对定积分的应用进行讲解时，教师应首先明确教学内容，也就是定积分的元素法。然后将制作好的预习微课提前发布给学生，以便学生课前做好相关的准备工作。在课堂上，教师和学生应将需要探究的问题进行统一。如可以将定积分的元素法应用时需要满足的条件、步骤、如何求解平面图形的面积和旋转体的体积等作为需要共同探究的问题。并积极引导学生进行讨论，探究解决办法。课堂最后，教师可以结合微课视频，将定积分的元素法以及应用进行归纳提炼，构建起一个完整的知识框架。课后，教师将微课视频分发给学生，引导其进行自主讨论和探索，并及时对学生的学习成果予以评价和反馈。

总之，微课是当前高等教学工作中的全新理念。本节以高等数学作为研究对象，探究了微课在高等数学教学中的具体应用模式和应用思路。当然了微课时代的到来，不能否认传统教学模式中的好的做法，而是应该将微课和传统教学模式进行有机融合，取长补短，从而切实提升高等数学的教学质量。

第二节　基于 CDIO 理念的高等数学教学模式

高等数学是高校重要的公共基础课程，而建设和发展高等数学直接影响着高校人才的培养。现阶段许多高校都在积极开展 CDIO 人才培养模式，其主要以产品研发到运行的整个生命周期作为媒介，促使学生通过主动、实践、课程间有机联系的方式开展学习。将

CDIO 理念切实应用到高等数学教学模式中，具有十分重要的现实意义。因此，本节主要对基于 CDIO 理念的高等数学教学模式进行了深入探究。

一、CDIO理念对高等数学教学模式的要求

（一）强调学生处于主动地位

CDIO 理念强调学生的中心主动地位，改变了传统以教师为主导的教学理念，强调学生主动参与教学，强调学生自主学习。

（二）强调培养学生的实践能力

CDIO 理念强调学生实践能力的培养，CDIO 理念要求学生从传统的听数学转变为做数学，以培养学生自主学习的能力为目标。此理念能够激发学生探究数学的兴趣与爱好，有助于提高学生自主学习、分析与适应能力，这不仅有利于提高学生的数学能力，还能够锻炼学生为人处世的正确方式，让学生终身受益。

（三）强调培养学生综合素质

CDIO 理念是基于课堂教学为载体，让学生体会数学课程的趣味性，让学生愉快地学习。CDIO 理念既能够提高学生的数学学习能力，培养学生良好的道德意识，还可以从根源上提高学生的团队合作能力与综合素质。

二、基于CDIO理念的高等数学教学模式

（一）调动学生的学习兴趣

基于 CDIO 理念，必须改变传统的教师本位教学模式，尊重学生的主体地位，引导学生积极参与教学活动。从高校数学教师角度出发，重视培养学生的非智力因素，调动学生对高等数学的学习兴趣，全面实现智力因素与非智力因素的有机融合，以便进一步培养学生良好的数学素质与数学能力。例如，在新学期初期，教师可以专门选择一定时间，为学生阐述高等数学的趣味性与必要性，并结合实例强调高等数学的实用性。在日常教学中，正确解释知识点的背景，不必强调知识点本身，从而调动学生的学习兴趣与积极性，培养学生在高等数学中的应用与创新能力，促使学生切身感受到高等数学的有效作用。

（二）增强教师的教学能力

基于 CDIO 理念，加强教师专业能力的培养，确保其能够理解每位学生，关注学生的专业课程与未来发展。高校应合理安排固定的数学教师开展高等数学课程教学工作，每学期进行多次数学教师与专业课程教师的交流活动，以此明确教学重点。与此同时，适当安排数学教师进行专业讲座，以保证高等数学教学得以消解，更好地融入专业应用实例中去，使学生了解高等数学在解决专业问题中的优势作用，以此自主提高自身的数学应用能力。

另外，高校也应为优秀教师开设公开课程，为其他教师提供模范榜样，而年轻教师也可以进行一对一相互辅助带动活动，以提高全体高等数学教师的 CDIO 能力与素养，确保高等数学整体教学效果。

（三）合理地调整教学内容

传统高等数学教学强调理论证明和解决问题的技巧，并不重视实践教学，因而难以激发学生的学习积极性与兴趣。因此，基于 CDIO 理念，必须调整数学教学内容，适当增加实践性内容与应用案例。在日常教学和实践教学中，合理整合专业应用实例，构建数学模型，利用 MAT 软件解决问题，使学生在实践中自主学习。根据学生的实际情况和专业课要求，科学调整高等数学教学的具体内容，扩大教学内容的深度与广度，为不同专业设置不同的数学课程结构。进一步简化数学理论的整个推理过程，加强对常规性问题解决方法的讲解，不过分强调解决问题的技巧。此外，还可以增加数学建模课程，鼓励学生积极参加竞赛，有机结合课堂教学与课外活动，提高学生的能力与专业素养。

（四）科学地创新教学方法

为了提高教学效果，应该摒弃传统教师讲解、学生听讲的教学模式，促进教学方法实现多元化。其中最为有效的教学方法主要有四种：其一，案例教学。教师为主导案例选择，结合案例提问，引导学生独立思考，提出自己的观点。在这一过程中，要合理把握具体与抽象、特殊与一般的关系，帮助学生熟练掌握具体问题相应的解决方法。其二，模块教学。高等数学与专业课相结合，不同的专业采用与之相适应的教学模块，即基础模块、技能模块、扩展模块等。其中，基础模块应包括各专业的基本知识，技能模块应着眼于专业的应用方向，拓展模块强调知识点的升华。技能模块强调知识点的实际应用，而扩展模块则强调在应用的基础上做进一步创新。通过模块设置、学生分组、任务分配、具体实施、评价总结，促进教学活动得以有序进行。其三，网络教学。高校需要构建健全的网络教学平台，实现网上交流与师生互动，确保学习活动能够不限时间与地点地进行。其四，实验教学。实验教学可以引入高等数学教学中，通过实验解释和验证理论知识体系。在实践操作中，实验教学可以选择选修课模式，引导学生独立自主积极参与，实验教学形式可以利用数学建模或实验，通过简单的应用学科，鼓励学生自主查阅数据，分析并解决问题，还可以采用计算机与数学软件，从而提高教学效率与质量。通过实验分析，鼓励学生深入理解并应用高等数学知识。

（五）进一步健全评价体系

针对现行的以考试为导向的评价体系，应及时完善，并将教学过程评价纳入评价体系。高校必须认识到高等数学实验课注重学生实践应用能力的培养，并积极改进考试方法，采用理论考试与技能考核相结合的方法，其中，理论考试成绩占总分的 70%，实验成绩和平时成绩占 30%。与此同时，增加高等数学期中考试，确保学生能够理解问题，提高复习的针对性。

（六）全方位渗透建模思想

CDIO 理念的核心在于鼓励学生加强实践学习，数学建模实践就是有效体现。对此，高等数学教师可以在教学中积极引进数学建模思想，引导学生通过多种教学方法，基于高等数学的实用性，以学生为主体，培养数学知识的实际应用能力，以此保证学生可以深入理解高等数学的深层内涵，展示高等数学中所涉及的方式方法，并将其作为学习工具。在教学过程中，保证学生具备数学建模能力与知识应用能力，能够运用数学知识解决实际问题，要求学生熟练掌握数据收集、数据分析、模型建立以及求解的整个过程，在实践教学的基础上，构建健全的学习平台，调动学生的数学学习兴趣。例如，在教学中，可以引入学生日常生活中的常见问题，即食堂的座位问题，中午或下午就餐高峰期，食堂座位有限，不能满足就餐需求，利用数学建模，加以解决。以此方式，数学建模思想便可以渗透到高等数学教学中，学生可以在实践中深入学习。

综上所述，新时期，高等数学教学面临着许多新需要和要求，同时也逐渐衍生出一系列新的问题，这要求高校必须予以重视。CDIO 理念能够充分调动学生的数学学习积极性，有助于提高学生自主学习能力，并大大提高教学效率与质量。因此，严格按照 CDIO 教学理念，对高等数学教学现状进行详细分析，促进教学模式实现深化改革与创新发展，不仅要改革教学内容与方式，加强师资队伍建设，还要配置多元化的教学方法与健全的考核评价体系，以提高高等数学教学效率，促使学生的高等数学技能与素质得到全面提升。

第三节　基于分层教学法的高等数学教学模式

高等数学是高等教育一门重要的基础课程，对学生的专业发展起到重要的补充作用。传统的高等数学教学模式已经不适合现代高等教育发展的需要，必须改变现有的教学模式，建立一种新型教学模式以适合现代企业用人的需求。本节主要介绍并分析了高等数学现有媒体资源和学员学习状况、分层教学法在高等数学中应用的依据、高等数学分层教学实施方案、分层教学模式，并阐述了基于分层教学法的高等数学教学模式构建，希望为专家和学者提供理论参考依据。

一、现有媒体资源介绍和学员学习状况分析

（一）高等数学现有媒体资源介绍

教材是教学的最基础资源，但现在高等数学教材基本都是公共内容，体现为专业服务的知识很少，也就是知识比较多，但根据专业发展的针对性不足。现在为了学生的专业发展，高等数学教材也一直在改变，但现在还是有一定章节的限制，没有完全根据学生的专业发展进行有效的教学改革。高等数学是一门公共基础课，传统教学就是对学生数学知识

的普及，但现代高等教育对高等数学课提出了新要求，不仅是数学知识的普及，同时要提升到为学生专业发展服务方面上来，就是在基础知识普及的过程中提升学生的专业发展，全面提高学生综合素养，培养企业需要的应用型高级技术人才。

（二）学员学习状况分析

高等数学是一门重要的基础课程，这个学科本身就具有一定的难度，但现在应用型本科院校学生的数学基础普遍不好，有一部分学生高考数学分数都没有达到及格标准，这会给学生学习高等数学带来一定的难度，大学的教学方法、教学模式、教学手段与高中有一定的区别，大一就学习高等数学会给学生带来一定的挑战，教师需要根据学生的实际情况、专业的特点，科学有效地采用分层教学法，着重提高学生的实践技能，增强学生的创新意识，提高学生的创新能力。

二、分层教学法在高等数学中应用的依据

分层教学法有一定的理论依据，起源于美国教育家、心理学家布卢姆提出的"掌握学习"理论，这是指导分层教学法的基础理论知识，但经过多年的实践，对其理论知识的应用有一定的升华。现在很多高校在高等数学教学中采用分层教学法，高校学生来自祖国四面八方，学生的数学成绩参差不齐，分层教学法就是结合学生各方面的特点进行有效分班，科学地调整教学内容，对提高学生学习高等数学的兴趣起到一定的作用，也能解决学生之间个性差异的特点。分层教学法可以根据学生的发展需要，采用多元化的形式进行有效分层，其目标都是提高学生学习高等数学的能力，提高利用高等数学解决实际问题的能力，全面培养学生知识应用能力，符合现代高等教育改革需要，对培养应用型高级技术人才起到保障作用。

三、高等数学分层教学实施方案

（一）分层结构

分层结构是高等数学分层教学实施效果的关键因素，必须科学合理地进行分层，结合学生学习特点及专业情况科学合理地进行分层，一般都根据学生的专业进行大类划分，比如综合型大学分理工与文史类等，理工类也要根据学生专业对高等数学的要求进行科学合理的分类，同一类的学生还需要结合学生的实际情况进行分班，不同层次学生的教学目标、教学内容都不同，其目标都是提高学生学习高等数学的能力，提高学生数学知识的应用能力，分层结构必须考虑多方面因素，保障分层教学效果。

（二）分层教学目标

黑龙江财经学院是应用型本科院校，其高等数学分层教学目标就是以知识的应用能力为基础，通过对高等数学基础知识的学习，让学生掌握一定的基础理论知识，提高其逻辑

思维能力，根据学生的专业特点，重点培养学生在专业中应用数学知识解决实际问题的能力。高等数学分层教学目标必须明确，符合现代高等教育教学改革需要，对提升学生知识的应用能力起到保障作用，同时对学生后继课程的学习起到基础作用，高等数学是很多学科的基础学科，对学生的专业知识学习起到基础保障作用，分层教学就是根据学生发展方向，有目标地整合高等数学教学内容，结合学生学习特点，采用项目教学方法，对提高学生知识应用能力、分析问题、解决问题的能力有着重要作用。

（三）分层教学模式

分层教学模式是一种新型教学模式，是高等教学模式改革中常用的一种教学模式，根据需要进行分层，采用多元化的分层方式，主要针对学生特点与学生发展方向进行科学有效的分层教学。每个层次的学生学习能力不同，确定不同的教学目标、教学内容，实施不同的教学模式，其目标是全面提高学生高等数学知识的应用能力。在具体工作中，能应用数学知识解决实际问题。研究型院校与应用型院校采用的分层教学模式也不同，应用型院校一般使高等数学知识与学生专业知识进行有效融合，以提高学生知识的应用能力。

（四）分层评价方式

以分层教学模式改革高等数学教学，经过实践证明是符合现代高等教育发展需要的，但检验教学成果的关键因素是教学评价，教学模式改革促进教学评价的改革。对于应用型本科院校来说，教学评价需要根据高等数学教学改革需要，进行过程考核，重视学生高等数学知识的应用能力，注重学生利用高等数学知识解决职业岗位能力的需求，取代传统的考试模式。高等数学也需要进行一定的理论知识考核，在具体工作过程中，需要理论知识与实践知识相结合，这是高等数学分层教学模式的教学目标。

四、分层教学模式的反思

分层教学模式在高等教育教学改革中有一定的应用，但在实际应用过程中也存在一定的问题。首先，教学管理模式有待改善，分层教学打破了传统的班级界限，这给学生管理带来一定的影响，必须加强学生管理，这对教学起到基本保障作用。其次，对教师素质提出了新要求，分层教学模式的实施要求教师不仅要具有丰富的高等数学理论知识，还应该具有较强的实践能力，符合现代应用型本科人才培养的需要。最后，根据教学的实际需要，选择合理的教学内容，利用先进的教学手段，提高学生学习兴趣，激发学生学习潜能，提高学生高等数学知识的实际应用能力。

总之，高等数学是高等教育的一门重要公共基础课程，在高等教育教学改革的过程中，高等数学采用分层教学模式进行教学改革，是符合现代高等教育改革需要的，尤其在教学改革中体现高等数学为学生专业发展的服务能力，符合现代公共基础课程职能。高等数学在教学改革中采用分层教学模式，利用现代教学手段，采用多元化的教学方法，对提高学生的高等数学知识应用能力起到保障作用。

第四节　将思政教育融入高等数学教学模式

"课程思政"是当前各高等院校教学改革的一个重要方向，本节从时间优势、内容优势等方面对高等数学课程开展课程思政进行了可行性分析，指出了高等数学开展课程思政要解决的两个关键问题，一是要让教师充分认识到课程思政的重要性和必要性，二是要根据高等数学课程的特点，深入挖掘思政元素。本节提出了高等数学进行课程思政的途径与方法，即通过"课程导学"对学生进行思想教育，帮助学生树立学习目标，用数学概念、数学典故对学生进行爱国主义教育，引导学生学会做人做事，树立正确的人生观和价值观，用数学家的丰功伟绩激励和鞭策学生勤奋学习、立志成才。

高等数学是高等院校理工类、经管类各专业最重要的公共基础课，只有学好高等数学，才能顺利学习后续的专业课程。同时，高等数学课程也是大学理工科学生课时最长的基础课之一，因此，在"课程思政"中高等数学是不应该缺位的，作为高校数学教师，应积极开展课程思政教学改革。本节在课堂教学实践的基础上，分析与探索在高等数学课程中开展"课程思政"的有效途径与方法，将素质教育融入高等数学课堂，为实现"立德树人"这一教育目标尽一份力量。

一、高等数学开展课程思政的可行性分析

（一）高等数学进行课程思政的时间优势

大学阶段是学生世界观、价值观、个人品德、为人处世等方面形成的黄金时期，而进入大学的第一年又是这一时期的关键节点，学生刚刚脱离父母的管束，迈进大学校园，面对陌生的校园环境与人际关系、相对自由的生活方式、无人看管的学习方式及与高中完全不同的课堂氛围等，学生在心理上难免会出现不同程度的波动，甚至是焦虑和不安。再加上社会上各种思潮及诱惑潜移默化地影响着学生的人生观与价值观的形成，因此，学生的思想政治教育的最佳时机正是大学一年级。而高等数学课程恰好是大学一年级学生必修的一门重要的通识基础课，因此高等数学课程在时间节点上具有实施课程思政的优势。

另外，学生的世界观、价值观的形成绝非是一朝一夕就能完成的事情，它需要教师长期不断地探索与实践才能收到良好的效果。而高等数学课程在大学理工科各专业的课程体系中，具有课时多、战线长、覆盖面广的特点，多数专业高等数学都需要至少学习两个学期，每周6学时的教学安排，因此，高等数学课程从时间跨度上来说也具有实施课程思政的优势。

（二）高等数学进行课程思政的内容优势

高等数学作为高等院校一门重要的公共基础课，对学生学好后续专业课程及学生进一

步的深造都发挥着巨大的作用，教师和学生都极其重视。学生对知识获取的渴望、对数学课的看重，给高等数学课堂创造了良好的育人环境。另外，高等数学作为一门古老而经典的学科，拥有丰富的历史底蕴和文化资源，其中许多概念、符号、性质、公式、定理等都蕴含着广泛的思想政治教育元素，具有增强学生文化自信和民族自豪感，激发学生爱国情怀的功能。所以，从高等数学的历史发展过程来看，具有与课程思政有机融合的优势。另外，数学学科揭示的是现实世界中的普遍规律，其中蕴含的哲学思想通常具有一定的普遍性，其对学生树立辩证唯物主义的世界观具有积极意义。因此，高等数学课程在内容上具有开展"课程思政"的优势。

二、高等数学开展课程思政要解决的关键问题

（一）加强数学教师对"课程思政"的理解，消除思想误区

开展"课程思政"，教师在关键。由于长期以来形成的教学理念和教学习惯，部分数学教师对推行"课程思政"工作还存在着认识上的不足和偏差。例如，部分教师认为学生的思想政治教育是思政老师和辅导员的事情，与己无关，缺少主动性与积极性。还有一部分教师担心在课堂上开展"课程思政"会对正常的课程造成干扰，因此，要通过教研活动，改变数学教师对课程思政的认识。教师首先要相信"课程思政"在数学课程教学中对于知识传授、能力培养和价值观塑造具有一体化的作用，要认识到思想道德建设在学生学习中的重要性，学生只有树立正确的价值观与人生观，他们才能认识到数学课、专业课程的重要性，才能端正学习态度，提高学习的积极性，将来才能成为德智体美全面发展，对国家、对社会有用的人才。所以教师必须将提升学生的思想道德水平作为自己的责任使命，加强对课程思政的理解，只有数学教师充分认识到"课程思政"的重要和必要性，才能重视思想政治育人工作，努力提升自身的思想政治理论水平和思想政治教育能力，实现数学课程知识传授与价值引领有机结合，将社会主义核心价值观以及为人处世的基本道理和原则融入数学教学。

（二）结合高等数学课程特点挖掘德育元素，融入课堂教学

高等数学传统的授课方式，教师的主要精力都放在数学理论知识的传授上，忽略了对数学概念所蕴含的诸如人生观、价值观、道德观等思政教育的传授。高等数学作为一门典型的自然科学类基础课程，蕴含着丰富广泛的思想政治教育元素，数学教师应坚持"知识传授与价值引领"相结合的原则，在不改变原有课程体系和课程重点的基础上，深入挖掘课程的思政元素，精心设计教学内容和教学环节，将思政内容巧妙融入数学理论知识中，充分发挥高等数学课程的育人功能。教师要结合数学课程特点，因势利导，借题发挥，努力把思想政治教育元素融入高等数学课程的教学过程中，以讲故事、课堂讨论、总结汇报等多种学生喜闻乐见的形式引导和教育学生学会做人做事，树立正确的人生观和价值观，在学习数学理论知识的同时提升学生的思想政治素质。

三、高等数学课程思政实施方案

（一）通过"课程导学"对学生进行思想教育

每一届新生入学都会面临"大学与高中"之间生活、学习和思想等多方面的衔接和挑战，在高中时期，教师和家长经常给学生灌输大学学习轻松、混一混就可以毕业等错误的观念，导致部分学生进入大学后容易松懈。因此第一堂高数课教师除了让学生了解高等数学课程的重要性、学习目标以及考核方式之外，还要抽出一部分时间对学生进行思想教育，要让学生了解大学学习对于他们今后立足社会的重要性，了解大学学习的特点，帮助学生树立学习目标及远大的理想信念，嘱咐学生不要荒废宝贵的大学时光，要努力学习，提高自己的能力，这样进入社会才会有竞争力。

（二）在传授数学知识的过程中对学生进行爱国主义教育

例如，在学习"极限"概念时，向学生介绍极限的由来，让学生了解到，早在战国时代我国就有了极限的思想，只是由于历史条件的限制，没有抽象出极限的概念，但极限思想的发现中国比欧洲早一千多年，以此对学生进行爱国主义思想教育，让学生认识到我们中华民族的智慧，消除崇洋媚外的心理，以自己是炎黄子孙而骄傲，增强民族自豪感与文化自信。

同时，要让学生了解到极限概念是数学史上最"难产"的概念之一，极限定义的明确化，是"量变引起质变"的哲学观点的很好体现，是辩证法的一次胜利，也使学生逐步树立起辩证唯物主义的世界观。

（三）用数学概念、数学典故来引导和教育学生学会做人做事，树立正确的人生观和价值观

例如，在讲解"极值与最值"知识点的时候，不仅要教会学生求函数的极值与最值，同时还可以让学生感悟：大多数人的一生，本质上都是在追求极大或最大值，要想达到这个极大或最大，就不能沉迷于网络游戏，必须付出辛勤的汗水，否则某些人将会成为最小值。当真正理解了极值和最值的概念时，学生就会明白，人的一生会遇到各种顺境和逆境（极大值与极小值），但只要胜不骄败不馁，就一定会取得人生的一个又一个成功。在今后的学习和生活中，当同学们取得一点点成绩时，千万不能骄傲自满，因为强中更有强中手，一山还比一山高，我们要认认真真做事、谦虚谨慎做人。当我们的生活和事业遇到挫折处于人生低谷时，也不要悲观气馁，或许这正是我们生活和事业的新起点，只要我们克服困难，努力拼搏、奋发向上，就一定会达到下一个极大值，一定会取得成功。

（四）用数学家的丰功伟绩激励和鞭策学生勤奋学习，立志成才

高等数学的主要内容是微积分，微积分创立于 17 世纪，经过很多著名数学家共同积累和总结，才有了微积分今天的成熟和完善，如牛顿、莱布尼兹、柯西、拉格朗日、格林

等数学家在高等数学教材中被多次提到。教师可以用数学家的生平事迹激励和鞭策学生努力学习，立志成才。鼓励学生要学习数学家、科学家身上那种坚持真理、勤奋执着的科学态度，珍惜现在求学的大好时光，脚踏实地、坚持不懈，学知识长本领，成为对社会对国家有用的人才。

（五）以"数学建模"为引领，培养学生团队合作、吃苦耐劳与坚持不懈的优秀品质

数学建模比赛的参赛过程是很辛苦的，三人一组，要求学生在三天之内利用数学方法去解决一个模拟的实际问题，上交一篇论文。通过组织学生参加数学建模比赛，让学生深刻体会到团队合作的重要性，培养他们吃苦耐劳与坚持不懈的优秀品质。

课程思政是一种新的教学理念，要想真正取得成效，关键在教师，教师要自觉将育人工作贯穿于教育教学的全过程，但要注意"课程思政"不是"思政课程"，对学生的思政教育不能太刻意，不能让学生感到高数教师都变成了思政教师而引起学生的反感和抵触，要坚持数学知识传授本位不改，根据数学课程的特点，润物细无声地把思想政治教育元素融入数学课程学习过程，从而达到思政教育的目的。

第五节　基于问题驱动的高等数学教学模式

任务驱动法是高等数学教学中的一种重要教学模式，能够提高学生的主体地位，激发学习兴趣，促进学生的自主学习，进而提高数学水平，因此，在高等数学教学中对问题驱动模式进行应用有着重要作用。实际生活中，我国高等数学教学虽然有了较大发展，各类新型教学模式也不断涌现，但是受人为因素及外部客观因素的影响，依旧存在较多问题。因此，如何更好地提高高等院校数学教学质量成为教师面临的重大挑战。本节主要做的工作就是对基于问题驱动的高等数学教学模式进行分析，提出一些建议。

随着教育事业不断深入，我国高等数学教学有了较大进步，教学设备、教学模式不断更新，较好地满足了学生的学习需求。在应用技术型这一新的高校发展理念背景下，要求教师充分激发学生的学习兴趣，营造出良好的课堂氛围，多与学生沟通交流，鼓励学生进行自主学习，以更好地提高学生的数学水平。但是很多教师都只是依照传统方式进行教学，没有实时了解学生的学习兴趣及学习需求，致使学习效率低下，教学质量不高。因此，教师需对实际情况进行合理分析，对问题驱动模式进行合理应用，充分调动学生的自主性，以更好确保教学效果。

一、问题驱动模式的优势分析

问题驱动模式以各类问题的提出为基础，注重激发学生的学习兴趣、调动学生的好奇

心，与教学内容进行了紧密结合，这样能够较好地提高学生的实践能力，增强学生数学学习的有效性。因此，在高等数学教学中对问题驱动模式进行应用具有较大的优势。

问题驱动模式的应用能够提高学生的主体地位。在问题驱动模式下，受好奇心的影响，学生能够自主对各类问题进行思考和分析，根据自身所学的知识来寻找解决问题的途径和方法。在获得一定成就感后，学生的学习积极性能够较快地提高，进而自主探究更深层次的数学问题，满足自身的求知欲，这样就较好地提高了学生的主体地位，为学生后期的高效学习准备了条件。以往在进行数学教学时，教师为传授者、学生为接受者，教师主要采用传统"满堂灌"方式进行教学，在没有实时了解学生的学习情况下，对各类知识一股脑地进行讲解，在这种情况下，学生的学习积极性和主动性较差，学习效率也较为低下，难以提高数学学习水平。问题驱动模式主要以学生为课堂主体，强调促进学生的自主学习、合作学习、探究学习，教师则可依据课堂实际设置不同形式和难度的问题，并加以引导，及时帮助学生解决各类问题，以更好地提高学生的数学学习能力。因此，在数学教学中对问题驱动模式进行应用能够较好地提高学生的主体地位，这样能为学生后期数学的高效学习准备条件。

问题驱动模式的应用能够提高学生的数学学习能力。在应用技术型这一新的高校发展理念背景下，对学生提出了较高要求，学生除了能学习、会学习外，还必须学会创新，能够主动学习、自主探究，这样才能更好地促进学生的全面发展，提高学生的数学水平。问题驱动法强调教授学生学习方法和学习技巧，而不只是教授学生固有的课堂知识，这就要求教师加强对学生学习能力、思维能力、实践能力的培养，站在长远的角度，以更好地帮助学生学习数学知识。数学知识的学习是为了解决实际问题，完善学生的数学知识体系，而问题驱动模式的应用则帮助学生对各类数学知识进行灵活应用，构建完善的数学知识体系，进而更好地提高学生的数学学习能力，确保教学效果。

问题驱动模式的应用能够提高学生的综合素质。在问题驱动作用下，学生能够积极进行沟通交流，就相关问题进行讨论，查找相应的资料，这样能够培养学生的创新意识、创新能力。在新课程理念背景下，学生需具备多项功能，除了一些专业技能外，还需具有其他技能，这样能够在后期数学学习中得心应手，提高学生的综合素质。随着教育事业的不断深入，学生也应对自己提出更高的要求，而在问题驱动模式的作用下，学生的学习环境得到了较好改善，教学氛围也较为活跃，这样能够促进师生、生生之间的沟通交流，培养学生的合作意识，提高学生的综合素质，这对学生步入社会都能起到较好作用。

二、在高等数学教学中应用问题驱动模式的方法分析

在高等数学教学中对问题驱动模式进行应用时，教师需对实际情况进行合理分析，了解学生的学习需求、学习兴趣、学习能力，充分发挥出问题驱动模式的作用。在高等数学教学中对问题驱动模式进行应用的方法如下：

（一）创设教学情景

数学教学过程大都存在一定的枯燥性和复杂性，若学生的学习兴趣不高，难以有效融入学习环境中，将难以有效地进行数学学习，影响教学效果，因此，教师在对问题驱动模式进行应用时，为了更好地发挥出问题驱动模式的作用，可以创设相应的教学情境，以激发学生的学习兴趣，促进教学工作的顺利开展。在创设相应的教学情境时，教师需对实际情况进行合理分析，创设适宜的教学情境，并在情境中对相应的问题进行适当融入，让学生在活跃的氛围中有效解决相应的问题，以增长学生的学习经验，提高学生的学习能力。在情境模式的创建过程中，教师将问题分成多个层次，遵循循序渐进的原则，引导学生逐渐掌握各类数学规律，总结经验，完善数学知识结构，这样能够更好地帮助学生进行数学学习。例如，在学习空间中直线与平面的位置关系时，教师可先对教学内容进行合理分析，设置不同难度的问题。之后教师可通过多媒体对空间中直线与平面的位置关系进行表现，营造出活跃的教学氛围，以激发学生的学习兴趣。之后教师可让学生带着问题进行学习，并加强引导，让学生能够自主进行学习，从难度较低的问题逐渐解决一些难度较高的问题，以更好地提高学生的数学水平。

（二）促进学生间的合作

由于学生之间存在一定的差异，所以在思考问题时考虑的方向也不同，在这种情况下，可促进学生之间的合作，优势互补，进而更好地确保教学效果。因此，教师可依据实际情况进行合理分组，鼓励学生进行合作，共同解决相应的数学问题，这样不仅能提高学生的数学水平，而且能增强学生的合作意识。例如，在对圆的方程进行学习时，教师可先对学生进行合理分组，遵循以优带差原则。之后教师可设置相应问题，鼓励学生合作解决。然后教师再针对学生不懂的问题进行讲解，以更好地帮助学生进行数学学习。

（三）加强教学反思

教学反思是提高学生数学水平的重要方式，所以加强教学反思至关重要。教师需合理分配教学时间，鼓励学生进行反思，并加强引导，提出需改进的地方，以帮助学生增长学习经验。例如，在学习微分中值定理的相关证明时，教师可先让学生自主解决各类问题，并记录不懂的知识。之后教师对一些难点知识进行针对性讲解，鼓励学生做好反思。教师需加强引导，多与学生沟通交流，以提高反思效果，确保教学质量。

在高等数学教学中，由于数学知识具有一定的复杂性，一些教师又不注重与学生进行沟通和交流，致使学生的学习积极性不高，难以确保学习效果。问题驱动模式能够激发学生的学习热情，促进学生的自主学习。因此，教师可结合实际情况对问题驱动模式进行合理应用，并加强指导，及时帮助学生解决各类数学问题，以更好地提高学生的数学水平，确保教学效果。

第六节　校企合作背景下高等数学教学模式

校企合作背景下，为了促进高等数学的发展，满足企业需求和时代发展，高等数学专业院校需加快改革原有教学模式，以此为时代与企业培养创新型应用人才。本节将从三个方面，对校企合作背景下关于高等数学教学模式的改革进行思考，希望能对我国各大高等数学院校有所帮助。

高等数学一直是我国的重要学科，发挥着重要作用，尤其是对于其他学科课程的学习，影响至关重要，如高等数学中的函数可为计算机信息学习奠定基础。此外，高等数学一直是我国科研技术、社会科学、自然科学、工程技术科学研究的重要基础，所以对我国社会进步、企业发展格外重要。总之，随着高等数学对我国科学研究作用越来越明显，为了进一步促进科学发展和企业进步，高等数学教学模式就必须创新改革，以满足时代需求。如今虽然我国已经在进行高等数学教学改革尝试，但改革程度仍不理想，尤其是教学内容和模式上几乎没什么变化。现阶段，随着校企合作模式不断深入，为了进一步加快高等数学改革，满足时代教学需求，高等数学专业院校应抓住校企合作机遇，制订教学计划，规划培训方案，利用校企合作加深学生培养，以及教学创新，以此满足新时代下高等数学模式改革发展和综合性人才培养的需要。同时，企业也可根据校企合作，增强企业管理，加深企业科学研究，为企业进一步发展引入优秀年轻人才。

一、校企合作背景下关于高等数学教学模式改革的必要性

（一）社会的进步需求

现阶段随着时代不断发展、科技不断进步，社会对人才的需求逐步加大，如社会信息发展需要网络综合性专业人才、社会建筑发展需要土木综合性专业人才等。换句话说，原来社会对人才的需求只限制于学校专业程度，但如今随着时代不断变化，社会对人才的需要不再只限制学校专业，而是向综合性人才发展。同时，校企合作背景下，企业可为高等数学专业学生提供实践平台，缓解社会就业压力，并且可提升学生专业应用能力，保障社会人才所需。因此，面对社会发展，高等数学专业院校必须把握校企合作机遇，改革原有教学模式，增强学生实践专业性以及综合能力，以此满足社会需求。

（二）企业的发展需求

面对新时代发展，企业如果想要进步离不开人才需求，尤其是对于急需高等数学人才的特殊企业，这种需求更为严重。而校企合作模式高等数学教学改革，能充分解决企业人才所需，实现学校进一步提升和企业进一步发展。比如校企合作背景下，企业可通过与学校合作，获得优秀员工，补充企业人才队伍建设，可不再费时、费力，通过自己培养而获

得专业员工，促使企业发展。并且，校企合作背景下，企业可根据学校所需，构建对口平台，为学校提供实习岗位，锻炼学生专业实践能力，填补企业岗位空缺。同时，企业还可与学校构建科研团队，如面对高等数学专业难题，可与相关企业人员共享研究课题，攻克难关，从而促进企业科技进步和学校专业巩固，实现企业与学校共同发展。

（三）学生的发展需求

对于高等数学专业学生，其在学校学习最终目标即为步入社会走向岗位，完成就业，而校企合作模式可以增加学生就业率，提高学生专业能力，加快完成学生就业。如校企合作模式下，学生可通过学校与企业的合作，提前进入合适的岗位实习，实现专业知识实践化，从而了解新时代下企业所需人才标准，细化自我专业知识。并且，学生可边实习边学习，补全自我专业能力存在的短板，明确未来规划，实现人生价值，促进自己进一步发展。

（四）教师的教学需求

校企合作背景下，由于企业与学校合作不断加深，企业对学生要求逐步提高，所以就需要教师根据企业要求提高自我专业水平，完善学生教学质量，提高学生专业素质。如教师可根据高等数学专业知识规划侧重点，提升学生专业知识的掌握，补缺专业短板。同时，教师可与企业优秀人才建立沟通，根据学生实际学习情况，共商教学方法，创新教学内容，以此实现企业人才所需，满足学校教学发展。

二、校企合作背景下关于高等数学教学模式改革过程中的主要问题

（一）学校教师教学僵硬

目前，随着科学技术的不断进步，企业对人才的要求更为严格，尤其是校企合作模式下企业对于人员专业能力知识方面的要求更为苛刻。所以在此趋势下，我国高等数学专业院校，多数教师存在教学水平不足，难以满足企业要求等问题，尤其是对高等数学专业重点部分，存在教学僵硬现象，严重影响了学生对高等数学专业知识的掌握以及学习高等数学的兴趣。因此，针对这种情况，高等数学专业院校应该联合企业优秀人才，进校培训或共商教学方式，以此提高教师专业水平，优化原有教学。

（二）教育的内容体系没有更新性，基本内容一成不变

企业要想紧跟时代潮流，就要抓紧校企合作机遇，吸收优秀专业人才，更新企业技术，创新企业发展。但当下，在校企合作背景下，我国多数学校教育程度跟不上企业发展，满足不了企业人才需求，尤其是高等数学专业下的特殊企业。现阶段，我国大部分高等数学专业院校教育体系过于传统，内容过于老化，如面对新时代发展、科技进步，高等数学专业内容应逐年增加，教学课时应相应加大，但现实却恰恰相反，这就造成了当下高等数学专业教育困难，报考人数减少，以及教师教学困难，学生专业知识掌握不全，培养出的学

生难以满足企业发展和时代要求，致使企业与学校沟通甚少，人才需求量逐年减少，校企合作模式在高等数学院校发展缓慢。

（三）以应试教育为主要模式的教育方式

从古至今，无论承认与否，我国多数教育都存在严重应试教育现象，这严重影响校企合作模式下，企业与学校多层次沟通，高等数学专业也不例外。对于高等数学专业，我国多数院校仍以应试教育为主，如以灌输教学技巧、侧重考试知识培训等为重点，忽视学生专业能力培养，企业要求化训练，养成学生以应付考试而学习的习惯，日常不努力，考试加班点，从而造成学生专业知识掌握不够、专业技能实践不牢，难以满足企业专业岗位需求和企业人才要求。所以，面对校企合作模式的发展，高等数学专业院校应改革原有教学模式，摒弃以应试教育为主的教学方式，树立正确教学目标，规划原有教学内容，尤其是对一些高等数学专业部分的重点，如泰勒公式、无穷极等，从而培养学生良好的学习习惯，帮助学生熟练掌握专业知识，以此适应企业岗位要求，促进企业与学校共同发展。

（四）企业需求变化速度快

校企合作背景下，除了我国高等数学专业院校存在教学问题外，相关企业也存在诸多问题。如随着目前我国经济实力的不断增加，企业需求日益变化，严重阻碍了学校的人才输送和教学培养，减缓了校企合作的发展脚步，尤其对于高等数学专业的科技企业。面对科学技术一年又一年的变化，我国企业必须加快对高等数学专业的需求变化，以此满足时代所需，这就要求高等数学专业院校人才必须逐年变化，教学方式必须逐年创新。同时，对于不容改变的需求变化，企业必须加深与学校之间的沟通，切实把每次需求变化交流到位，以此让学校有足够时间完善高等数学专业人才培训计划和教学内容，缓解学校压力，促进校企合作深入发展。

三、校企合作背景下关于提高高等数学教学模式改革措施

（一）制订专业计划，修订教学大纲

校企合作背景下，由于高等数学课程分支较多，知识面涵盖较广，所以教师要根据企业需求，针对学生未来规划，修订教学大纲以及制定专业化课程，以此满足企业需求和学生发展。如对于高等数学中机械工程课程，教师可依据近些年企业岗位需求，着重锻炼学生空间想象思维，调整曲面积分、曲线等重点教学内容。而对于高等数学专业中的计算机信息技术课程，教师可依据科技企业人才所需，利用计算机讲解函数内容，从而锻炼学生计算机语言掌握能力。

（二）对于教育教学目标的根本性改变

面对我国目前的应试教育，高等教育教学要紧抓校企合作机遇，创新原有教学模式，改变教育教学目标。高等数学属于我国科技领域的基础课程，也是其他专业的辅助课程，

所以，高等数学教学目标是以培养学生数学素养、自主思考、多角度看问题等多种能力为主，而不是以传授考试技巧、考试内容等应试教育内容为主导。校企合作背景下，高等数学专业院校可与企业进行沟通，构建教学平台，不定时利用企业实地对学生进行知识传授，如对于高等数学中的函数问题，可利用企业相关设备对学生进行专业教导，以此激发学生学习积极性，培养学生的数学意识，改变原有应试教育方式。总之，高等数学是培养学生数学思维、科学意识的重要课程，虽然应试教育可以提高学生专业知识，但对学生思维和专业能力的培养大大削弱，所以面对校企合作模式，高等数学院校要学会利用企业资源，改变原有教育教学目标，运用企业相关专业提高学生数学能力。

（三）培养应用能力，推动学生实践

对于高等数学专业，目前我国多数院校过于偏向理论知识学习，忽视专业能力实践培养，以及应用能力锻炼，造成多数高等数学专业学生知识与现实脱节，专业实践能力较低，眼高手低，只会纸上谈兵等问题。而校企合作背景下，高等数学专业院校可充分利用企业设备或岗位，对学生进行培训和锻炼，如面对高等数学的知识辨析，教师可提前与企业进行沟通，寻找合适的教学内容，从而根据企业实际案例，或企业机械模型，对学生进行内容教学和实践教学，以此加强对学生高等数学教学内容以及应用能力的培养。当下，随着我国经济高速发展，我国对于人才的需求已经逐渐偏向应用型，所以面对此种趋势，高等数学专业院校应把握校企合作模式，改革原有教学模式，创新教学方式，推动学生加深实践，造就应用型人才，满足时代所需。

（四）借助应用软件，提升自学效果

国家发展离不开科技创新，而教育发展离不开网络创新。面对新时代网络发展，高等数学专业院校应改革原有教学模式，借助应用软件，检查学生知识短板，提升教学效率。校企合作背景下，高等数学专业院校可借助企业网络平台，对学生进行专业知识教育，或专业知识考核，以此检查学生知识掌握程度，寻找知识短板。同时，学生也可借助网络软件进行自主学习和知识考核，提前锻炼自我岗位能力。比如可利用"慕课"平台加强校企合作和对话，创新高等数学教学模式。"慕课"平台的打造一方面可提高高等数学教学效率，完善原有教学模式和评价机构，还可以调动学生积极性，增强学生自主学习能力；另外，"慕课"平台可以把新时代网络与高等数学教学内容相结合，加强学生以及教师信息技术的运用，同时也可以推动企业与学校科研项目的进行，帮助学校培养创新型应用人才，协助企业再创专业高度。

（五）鼓励企业参与教育、参与兼职教师队伍的建设

针对校企合作，虽然其可为学校和企业带来利益，但也有诸多问题影响双方发展，如当企业急需与校方合作，而校方却不想与企业合作时，企业与校方无法建立合作，将严重影响双方发展。因此，要想在校企合作背景下促进高等数学教学模式改革，就要鼓励企业参与教育、参与兼职教师队伍建设，加强企业与学校的沟通。首先，企业可根据自身专业

需求，向高等数学专业院校提供兼职教师，一方面可提高员工专业能力，带动企业发展，另一方面可潜移默化地培养企业人才，以便未来给企业提供新鲜血液。其次，当地政府可依据校企合作政策，给企业和学校提供帮助。最后，高等数学专业院校可利用企业专有设备，加强自身教师专业技能培养和学生实践能力锻炼，以此达到双赢局面。

综上所述，面对校企合作模式的深入发展，要想促进高等数学教学模式的改革，除了制定专业需求，修订教学大纲，借助应用软件，提升自学效果，鼓励企业参与教育、参与兼职教师队伍的建设等外，还必须注重相关法律法规的保障，以此为校企合作背景下高等数学教学模式改革提供理论基础。总之，新时代下，高等数学专业院校要把握校企合作机遇，抓紧改革教学模式，从而满足时代需求，为企业提供专业人才。

第七节 基于数学文化观的高等数学教学模式

在高等数学教学改革中，教学模式的研究是一个热门话题，许多高等数学教育工作者都对高等数学教学模式进行了大量探索和研究。但对于高等数学教育人们只重视其工具性价值，而忽略了数学的文化教育价值。本研究就是要把高等数学教育提高到数学文化教育的层面，不仅重视数学知识的传授、数学技能的训练、数学能力的培养，而且使数学文化与数学教育相结合，最终目的是提高学生数学素养，为学生的终身学习和可持续发展奠定良好的基础。

高等院校肩负着培养新世纪具有过硬的思想素质、扎实的基础知识、较强的创新能力的新型人才的重任。高等数学在不同学科、不同专业领域所具有的通用性和基础性，使之在高等院校的课程体系中占有重要地位。高等数学所提供的思想、方法和理论知识不仅是大学生学习后续课程的重要工具、培养学生创造能力的重要途径，同时也能为学生终身学习奠定坚实的基础。随着高等院校招生规模的不断扩张，学生的基础较以前有明显的下降，导致学生对理论性很强的高等数学课程学习出现许多不尽如人意的地方，这不仅与学生的基础薄弱有关，也与传统的教学模式有很大关系。建构数学文化观下的高等数学教学模式，将数学文化有机融入高等数学教学中，形成相适应的模式体系，不仅使学生获得数学知识、提高数学技能，最终提高学生数学素养，还为学生的终身学习和可持续发展奠定了良好的基础。

一、数学文化与数学文化观下的教学模式

（一）数学文化

文化视角的数学观就是视数学为一种文化，并且在数学与其他人类文化的交互作用中探讨数学的文化本质。在数学文化的观念下，数学思维不单单是弄懂数量关系、空间形式，

而且是一种对待现实事物的独特的态度，是一种研究事物和现象的方法；在数学文化的观念下，那种把数学知识与数学创造的情境相分离的传统课程教学方式将会被摒弃；在数学文化的观念下，数学教学不再把数学当作是孤立的、个别的、纯知识形式，而是将其融入整个文化体系结构当中。总之，数学作为一种文化，可使数学教育成为造就培养下一代、塑造新人的有力工具。

目前，数学作为一种文化现象已经得到广泛认同，但是，迄今为止，"数学文化"还没有一个公认的贴切定义，很多专家学者都从自己的认识角度论述数学文化的含义。从课程论的角度来理解数学文化，数学文化是指人类在数学行为活动的过程中所创造的物质产品和精神产品。物质产品是指数学命题、数学方法、数学问题和数学语言等知识性成分；而精神产品是指数学思想、数学意识、数学精神和数学美等观念性成分。数学文化对人们的行为、观念、态度和精神等有着深刻影响，它对于提高人的文化修养和个性品质起着重要作用。

（二）数学文化观下的教学模式

在数学文化观念下，数学教育就是一种数学文化的教育，它不仅仅强调数学文化中知识性成分的学习，而且更注重其观念性成分的感悟和熏陶。数学文化观下的数学教育肩负着学生全面发展的重任，它通过数学文化的传承，特别是数学精神的培育，来塑造学生的心灵，最终达到提高学生数学素养的目的。但长期以来，人们总是把数学视为工具性学科，数学教育只重视数学的工具性价值，而忽略了数学的文化教育价值。到目前为止，高等数学教学仍采用以知识技能传授为主的单一教学模式，即把数学教育看作科学教育，主要强调数学基本知识的学习和基本计算能力的培养，缺少对数学文化内涵的揭示，缺少对学生数学精神、数学意识的培养。

数学文化观下的教学模式是一种主要基于数学文化教育理论，以数学意识、数学思想、数学精神和数学品质为培养目标的教学模式。构建数学文化观下的教学模式，就是为了使教师教学有章可循，更好地推广数学文化教育。

二、对高等数学传统教学模式的反思

（一）高等数学现代教学模式回顾

我国是有着两千多年文明历史的国家，在不同的历史时期，教学形式各有不同。中华人民共和国成立以来，高等数学教育教学模式经历了多次改革的浪潮。中华人民共和国成立初期，受苏联教育家凯洛夫教育理论的影响，数学课堂教学广泛采用的是"组织教学、复习旧课、讲授新课、小结、布置作业"五环节的传统教学模式，很多教学模式都是在它的基础上建立起来的。20世纪80年代，开始了新一轮高等数学教学方法的改革，这一时期教学模式的改革主要以重视基本知识的学习和基本能力的培养为主流，并带动了其他有关教学模式的研究与改革。近年来，随着现代技术的进步和高等数学教学改革的不断深入，对高等数学教学模式的研究和改革呈现出生机勃勃的景象。从问题的解决到开放性教学；从创新教育到研究性学习；从高等数学思想和方法的教学到审美教学等，高等数学教学思想、方法和教学模式呈现出多元化的发展态势。现在比较提倡的教学模式有数学归纳探究式教学模式、"自学—辅导"教学模式、"引导—发现"教学模式、"情境—问题"教学模式、"活动—参与"教学模式、"探究式教学模式"等。研究这些教学模式，能够学习和借鉴它们的研究思想和方法，为本节基于数学文化观的高等数学教学模式的建构提供方法论支持。

（1）"自学—辅导"教学模式，是指学生在教师指导下自主学习的教学模式。这一模式的特点不仅体现在自学上，而且体现在辅导上，学生自学不是要取消教师的主导作用，而是需要教师根据学生的文化基础和学习能力，有针对性地启发、指导每个学生完成学习任务。"自学—辅导"教学模式能够使不同认知水平的学生得到不同的发展，充分发挥学生各自的潜能。当然，这一教学模式也有其局限性。首先，学生应当具备一定的自学能力，并有良好的自学习惯；其次，受教学内容的限制；最后，还要求教师有较强的加工、处理教材的能力。

（2）"引导—发现"教学模式，主要是依靠学生自己去发现问题、解决问题，而不是依靠教师讲解的教学模式。这一教学模式的教学特点是，学习成为学生在教学过程中的主动构建活动而不是被动接受；教师是学生在学习过程中的促进者而不是知识的授予者。这一教学模式要求学生具有良好的认知结构；要求教师要全面掌握学生的思维和认知水平；要求教材必须是结构性的，符合探究、发现的思维活动方式。运用这一教学模式就能使学生主动参与到高等数学的教学活动中，使教师的主导作用和学生的积极性与主动性都得到充分发挥。

（3）"情境—问题"教学模式，该模式经过多年研究，形成了设置数学情境、提出数学问题、解决数学问题、注重数学应用的较稳定的四个环节的教学模式，模式的四个环节中，设置数学情境是前提；提出数学问题是重点；解决数学问题是核心；应用数学知识是目的。运用这一模式进行数学教学，要求教师要采取启发式为核心的灵活多样的教学方法；学生应采取以探究式为中心的自主合作的学习方法，其宗旨是培养学生创新意识与实践能力。

（4）"活动—参与"教学模式，也称为数学实验教学模式，就是从问题出发，在教师指导下，进行探索性实验，发现规律、提出猜想，进而进行论证的教学模式。事实上，数学实验早已存在，只是过去主要局限于测量、制作模型、实物或教具的演示等，较少用于探究、发现问题、解决问题等。而现代数学实验是以数学软件的应用为平台，结合数学模型进行教学的新型教学模式。该模式更能充分地发挥学生的主体作用，有利于培养学生的创新精神。

（5）"探究式教学模式"，探究式教学模式可归纳为"问题引入—问题探究—问题解决—知识建构"四个环节。探究式教学模式是把教学活动中教师传递学生接受的过程变成以问题解决为中心、探究为基础、学生为主体的师生互动探索的学习过程。目的在于使学生成为数学的探究者，使数学思想、数学方法、数学思维在解决问题的过程中得到体现和彰显。

（二）对高等数学传统教学模式的反思

1. 教学目标单一

回顾我国高等数学传统教学模式可以发现，其主要的教学目标是知识与技能的培养，重视高等数学知识的传授多，与实际联系的少；关注学生数学知识点的学习，忽视数学素质的培养；强调了教师的主导作用，学生参与得少，使学生完全处于被动状态，不利于激发学生的学习兴趣。这不符合数学教育的本质，更不利于培养学生的创新意识和文化品质。

2. 人文关怀失落

我们不能否认，传统的高等数学教学模式有利于学生基础知识的传授和基本技能的培养，在这种课堂教学环境下，由于太过重视高等数学知识的传授，师生的情感交流就很缺乏，不仅学生的情感长期得不到关照，而且学生发展起来的知识常是惰性的，因而体会不到知识对经验的支撑。这就可能滋生对高等数学学习的厌恶情绪，导致学生对数学科学日益疏离，也造就了一些学生缺乏人文素养、创新素质的理性人格。在这种数学课堂教学中，教师始终占据主导地位，尽管也在强调教学的启发性以及学生的参与，但由于注重外在教学目标以及教学过程的预设性，很少给教学目的的生成性留有空间。课堂始终按照教师的思路在进行，这种控制性数学教学是去学生在场化的教学行为，在这样的课堂上，人与人之间完整的人格相遇永远退居知识的传递与接受之后。这无疑在一定程度上造成了数学课堂教学中人文关怀的失落。

3. 文化教育缺失

高等数学文化知识不仅使学生了解数学的发展和应用，而且是学生理解数学的一个有效途径，从而提升学生的数学素质。数学素质是指学生学习了高等数学后所掌握的数学思想方法，形成的逻辑推理的思维习惯，养成的认真严谨的学习态度及运用数学来解决实际问题的能力等。传统的高等数学教育过于注重传授知识的系统性和抽象性，强调单纯的方法和能力训练，忽略了数学的文化价值教育，对于数学发现过程以及背后蕴藏的文化内涵揭示不够；忽视了给数学教学创造合理的有丰富文化内涵的情境，缺少对学生数学文化修养的培养，致使学生数学文化素质薄弱。

三、基于数学文化观的高等数学教学模式的思考

（一）基于数学文化观的高等数学教学目标

数学是推动人类进步最重要的学科之一，是人类智慧的集中表达。学习数学的基本知识、基本技能、基本思想自然是数学教育目的的必要组成部分。数学的发展不同程度地植根于实际的需要，且广泛应用于其他很多领域，所以，数学的应用价值也是教育目的的一个重要部分。数学教育的目的，还有锻炼和提高学生的抽象思维能力和逻辑思维能力，使学生思维清晰、表达有条理。实现科学价值是数学教育一直不变的目标，但并不是唯一目标。数学的人文价值也是数学教育不可忽视的重要内容。在数学教育中，我们不仅要关心

学生智力的发展，鼓励学生学会运用科学方法解决问题，而且也要关注培养有情感、有思想的人。同时，作为文化的数学，能够提升人的精神。通过学习数学文化，能够培养学生正确的世界观和价值观，发展求知、求实、勇于探索的情感和态度。

因此，笔者认为基于数学文化观的高等数学教育，就是要将其科学价值与人文价值进行整合。在数学文化教育的理论指导下，"基于数学文化观的高等数学教学模式"的教学目标如下：以学生为基点，以数学知识为基础，以育人为宗旨，在传授知识、培育和发展智力能力的基础上，使学生体验数学作为文化的本质，树立数学作为一种既普遍又独特的与人类其他文化形式同等价值地位的文化形象，最终使学生达到对数学学习的文化陶醉与心灵提升，最终实现数学素质的养成。

（二）基于数学文化观的高等数学教学模式的构建

分析上述高等数学教学模式发现，虽然现代教学模式已经打破了传统教学模式框架，但学生的情感态度、数学素质的培养不是其主要教学目标。学习和研究现代教学模式的研究思想和方法，使笔者认识到构建数学文化观下的高等数学教学模式，并不意味着对传统的教学模式的彻底否定，而是对传统的教学模式改造和发展。这是因为数学知识是数学文化的载体，数学知识和数学文化两者的教育没有也不应该有明确的分界线，因此数学知识的学习和探究是数学教学活动的重要环节。立足于对数学文化内涵的理解，围绕基于数学文化观的高等数学教学目的，通过对高等数学教学模式的反思和借鉴，笔者逐步从多年的教学实践中归纳形成了"经验触动—师生交流—知识探究—多领域渗透—总结反思"的教学模式。这一教学模式就是在教与学的活动过程中充分渗透数学文化教学，教师活动突出表现为呈现—渗透—引导—评述；学生活动突出表现为体验—感悟—交流—探索。

（三）对本模式的说明

（1）经验触动。学生的经验不仅是指日常的生活经验，还包括数学经验。数学经验是学习数学知识的经历、体验。要触动学生的日常生活经验和数学经验，教学中就要注重运用植根于文化经脉的数学内容设置教学情境，使学生从数学情境中获取知识、感受文化，促进数学理解，激发学生的学习兴趣和探究欲望。

（2）师生交流是指师生共同对数学文化进行探讨。数学文化教育的广泛性、自主探索与合作交流学习方式都要求师生之间保持良好的沟通。严格来说，"师生交流"不仅指教师和学生的交流，也包括学生和学生的交流。师生交流是模式实施的重点，当然，师生交流不会停留在这个环节，它会充斥于之后的整个课堂教学中。

（3）知识探究是数学文化教学的必要环节。数学知识是数学文化的载体，两者是相互促进、相互影响的。在感受数学文化的同时，对相关数学知识进行提炼、学习，就是从另一个角度学习和体悟数学文化，是对数学文化教育的一种促进。

（4）多领域渗透是指教师跨越当前的数学知识和内容，不仅建立和其他数学知识的内部联系，而且能够拓展教学内容，将之渗透到其他学科的各个领域，使学生感受到数学与数学系统之外领域的紧密联系，从而使学生深刻地感悟到数学作为人类文化的本质。

（5）总结反思就是对整堂课做回顾总结，加深学生对所学数学知识的理解，加深对所体会的数学文化的印象，也为下次的数学学习积累经验，开创创新源泉。

本教学模式是一种主要基于数学文化教育理论，以数学意识、数学思想、数学精神、数学品质为教学目标的教学模式。数学文化氛围浓厚的课堂、数学素养丰富的教师、学生学习方式的转变都是本模式实施的必要条件。

四、高等数学教学模式的超越和升华

在进行高等数学的教学设计和教学过程中，具有教学模式意识是对现代教师应有的基本要求，对教学模式的选择，不是满足个人喜好的随意行为，而是根据教学对象和教学内容合理选择的结果。根据教学对象和教学内容选择适当的教学模式，也不是生搬硬套，将某种教学模式简单地移植到教学中，将教学模式"模式化"，使教学模式变成僵死的条条框框，对教学模式的改造、创新和超越，才是创新教育的本质。

高等数学的课堂教学是一个开放的教学系统，课堂活动中学生的任何微小变化或不确定的偶然事件的发生，都可能导致课堂教学系统的巨大变化，这就需要教师实时、恰当地对教学方案做出调整。教学过程中的这种不确定性表明，教师需要运用教学模式组织教学，但更要超越教学模式。在教学过程中灵活运用教学模式并超越教学模式便是成熟、优秀的数学教师的重要标志。因此，成功的选择、组合、灵活运用教学模式，不受固定教学模式的制约，超越教学模式，走向自由教学，最终实现"无模式化"教学，就是优秀的高等数学教师追求的最高境界。

第七章 高等数学教学方法研究

第一节 高等数学中案例教学的创新方法

新时期教育对教育质量和教学方法提出了越来越高的要求，高校的教育理念不断更新，教学方法不断发展。高等数学作为高校重要的必修基础课，可以培养学生的抽象思维能力和逻辑思维能力。目前学生学习高等数学的积极性较低，对此，教师可以应用案例教学法，该方法灵活、高效、丰富，能充分提升学生的主观能动性和积极性，增强其分析问题和解决实际问题的能力，培养学生的创新思维，实现新时期创新人才培养目标。本节就高等数学中案例教学的创新方法进行了论述。

一、高等数学案例教学的意义

案例教学是一种以案例为基础的教学方法：教师在教学中发挥设计者和激励者的作用，鼓励学生积极参与讨论。高等数学案例教学是指在实际教学过程中，将生活中的数学实例引入教学，运用具体的数学问题进行数学建模。高校高等数学教育过程的最终目标是提高学生的实践意识、实践技能和开创性的应用能力。在数学教学中引入案例教学打破了以理论教学为主的传统数学教学方法，取而代之的是数学的实用性，其核心是尊重学生自主讨论的数学教学理念。

案例教学法在高等数学教育中的运用，弥补了我国教师传统教学方法的不足，将数学公式和数学理论融入实际案例，使之更具现实性和具体性。让学生在这些实际案例的指导下，理解解决实际问题的数学概念和数学原理。案例研究法还可以提高大学生的创新能力和综合分析能力，使大学生很好地将学习知识融入现实生活。此外，案例研究法还可以提高教师的创新精神。教师通过个案研究获得的知识是内在的知识，能在很大程度上把"没有安全感"的知识融入教育教学。它有助于教师理解教学中出现的困境，掌握对教学的分析和反思。教学情境与实际生活情境的差距大大缩小，案例的运用也能促使教师更好地理解数学理论知识。

二、高等数学案例教学的实施

案例教学法在高等数学教学中的应用，不仅需要师生之间的良好合作，而且需要有计划地进行案例教学的全过程，以及在不同实施阶段的相应教学工作。在交流知识内容之前，应该先介绍一下，并且可以深化案例，让学生更好地了解相关知识。案例深化了主要内容，使学生更好地理解所讲内容。在此基础上，引导学生将定义和句子扩展到更深层次。提前将案例材料发给学生，让学生阅读案例材料、核对材料和阅读材料，收集必要的信息，积极思考案例中问题的原因和解决办法。

案例教学的准备包括教师和学生的准备。教师根据学生的数学经验和理论知识，编写数学建模案例。在应用案例研究法时，首先概述案例研究的结构和对学生的要求，并指导学生组成一个小组。其次，学生应具备教师所具备的数学理论知识。教学案例的选择要紧密联系教学目标，尊重学生对知识的接受程度，最终为数学教学找到一个切实可行的案例。教学案例的选择和设计应考虑到这一阶段学生的数学技能、适用性、知识结构和教学目标。通常理论知识是抽象的，这些知识、概念或思想是从特定的情况中分离，并以符号或其他方式表达出来的。在应用案例教学法时，应注意教学内容和教学方法，强调数学理论内容的框架性，计算部分可由计算机代替。例如，在极限课程的教学中，应强调来源和应用的限制，而不强调极限的计算。

三、高等数学案例教学的特点

（一）鼓励独立思考，具有深刻的启发性

在教学中，教师应指导学生独立思考，组织讨论和研究，并进行总结。这项个案研究能刺激学生的大脑，让注意力随时间调整，有利于保持最佳的精神状态。传统的教学方式阻碍了学生的积极性和主动性，而案例教学则是让学生思考和塑造自己，使教学充满生机和活力。在进行案例研究时，每个学生都必须表达自己的观点，分享这些经历。一是取长补短，提高沟通能力；二是起到激励作用，让学生主动学习，努力学习。案例教学的目的是激发学生独立思考和探索的能力，注重培养学生的独立思考能力，启发学生发展一系列分析和解决问题的思维方式。

（二）注重客观真实，提高学生的实践能力

案例教学的主要特点是直观性和真实性，由于课程内容是一个具体的例子，所以它呈现一种形象，通过一种直观生动的形式，向学生传达一种沉浸感，便于学习和理解。本案所述事件均属实。案件的真实性决定了判例法的真实性。学生根据所学的知识得出自己的结论。学生将在一个或多个具有代表性典型事件的基础上，形成完整严谨的思维、分析、讨论、总结方式，提高学生分析问题、解决问题的能力。众所周知，知识不等于技能，知

识应该转化为技能。目前，大多数大学生只学习书本知识，忽视了实践技能的培养，这不仅阻碍了自身的发展，也使得其将来很难进入职场。案例研究就是为这个目的而诞生和发展的。在校期间，学生可以解决和学习许多实际的社会问题，从理论转向实践，提高学生的实践技能。

高等数学案例教学运用数学知识和数学模型解决实际问题，案例教学法在高等数学教学中的应用，充分发挥了学生的主观能动性，能有效地将现实生活与高等数学知识结合起来，从而使学生在学习过程中获得更好的学习效果，提高高等数学教学质量。案例教学可以创设学习情境，激发学生学习数学的兴趣，提高学生的实践能力和综合能力，促进学生的创新思维，实现新时期培养创新人才的目标。

第二节　素质教育与高等数学教学方法

高等数学作为普通高等院校的一门基础必修课程，其在课程体系中占有特殊而重要的地位，它所提供的数学思想、数学方法、理论知识不仅是学生学习后继课程的重要工具，也是培养学生创造能力的重要途径。这就要求高等数学教学也要更新教育观念、改革教育方法，突破传统高等数学教学模式的束缚，适应现代素质教育的要求，从而培养出具有高数学素质的卓越人才。

一、改革传统的讲授法，探索适应素质教育需要的新内容和新形式

由于各方面原因的存在，目前高等数学课堂教学仍采用"灌输式"的传统讲授教学方法，课堂上以教师的讲解为主，主要讲概念、定理、性质、例题、习题等内容，而以学生的学习为辅，跟随教师抄笔记、套公式、做习题，从而学生在教学活动中的主体地位被忽视，被动地接受教师讲授的内容，完全失去了学习的积极性和主动性，无法培养学生的创新思维和创新能力，与素质教育的目标背道而驰。但由于高等数学的知识大多是一些比较抽象难懂的内容，学生的学习难度较大，学生对高等数学的基础理论的把握以及对基本概念定理的理解离不开教师的讲解，因此讲授式的教学方法在我们的教学实践中起着相当重要的作用，这就要求我们必须肯定讲授式的教学方法在高等数学教学中的应用并对其进行必要的革新，使其符合素质教育培养目标的需要。

（一）优化教学内容，制定合理的教学大纲，为讲授法提供科学的理论体系

高等数学是我校工科类专业学生学习的一门公共基础课程，根据我校学生的生源情况及各专业学生学习的实际需求，在保持内容全面的同时，优化教学内容，对其进行适当的选择和精简，制定了符合各工科类专业需求的科学合理的教学大纲，并建立了符合素质教

育要求的高等数学课程体系，力求使学生能够充分理解和系统掌握高等数学的基本理论及其应用。为此，我们将高等数学分为四类：高等数学 A 类、高等数学 B 类、高等数学 C 类和高等数学 D 类，其总学时数分别为 90 学时、80 学时、72 学时和 70 学时，教学内容的侧重点各不相同，如此制定的教学大纲适应高等教育发展的新形势，适合我校教学实际情况，有利于提高学生的数学素质，培养学生独立的数学思维能力。

（二）运用通俗易懂的数学语言来讲授相对抽象的数学概念、定理和性质

教学过程中，学生学习高等数学的最大障碍就是对高等数学兴趣的弱化。开始学习高等数学时，大部分学生都以积极热情的态度来认真学习，但在学习过程中，当遇到相对抽象的数学概念、定理和性质时，就会失去热情，产生挫折感，甚至有一少部分学生因而丧失学习高等数学的兴趣。因此，为了激发学生学习高等数学的兴趣，我们可以把抽象的理论用通俗易懂的语言将其表述出来，将复杂的问题进行简单的分析，这样学生理解起来就相对容易一些，从而使讲授法获得更好的效果。

（三）利用现代化的教学手段，创新讲授法的形式

长久以来，高等数学的教学过程一直都是"一块黑板＋一支粉笔"的单一的教师讲授方式，这种教学方法使学生产生一种错觉，认为高等数学是一门枯燥乏味、抽象难懂、与现实联系不紧的无关紧要的学科，致使学生不喜欢高等数学，丧失了对数学的学习兴趣。那么如何培养学生的学习兴趣、提高学生的数学文化素养，进而提高教学质量呢？这就需要我们在不改变授课内容的前提下，运用现代化的教学手段，以多媒体教室为载体，实现现代教育技术与高等数学教学内容的有机结合，使学生获得综合感知，摆脱枯燥的课本说教，使课堂教学变得生动形象、易于接受，进而提高学生学习的主动性。

二、运用实例教学缩短高等数学理论教学与实践教学的距离

讲授法作为高等数学教学的主要方式，有其合理性和必要性。但是讲授法也有一定的弊端，容易造成理论和实践的脱节。因此，在强调讲授法的同时，必须辅之以其他教学方法来弥补其不足，以适应素质教育对高等数学人才培养目标的需要，而实例教学法就是比较理想的选择。

（一）实例教学法的基本内涵及特点

所谓实例教学法就是在教学过程中以实例为教学内容，对实例所提出的问题进行分析假设，启发学生对问题进行认真思考，并运用所学知识做出判断，进而得到答案的一种理论联系实际的教学方法。

与传统的讲授法相比，实例教学法具有自己独具一格的特点。实例教学法是一种启发、引导式的教学方法，改变了学生被动接受教师所讲内容的状况，将知识的传播与能力培养有机地结合起来。实例教学法可以将抽象的数学理论应用到实际问题中，学生可以充分地

认识到这些知识在现实生活中的运用，从而深刻理解其含义并牢固地掌握其内容。激发学生的学习兴趣，活跃课堂气氛，培养学生的创造能力和独立自主解决实际问题的能力，是一种帮助学生掌握和理解抽象理论知识的有效方法。

（二）实例教学法在高等数学教学中的应用及分析

实例教学法融入高等数学教学中的一个有效方法是在教学过程中引入与教学内容相关的简单的数学实例，这些数学实例可以来自实际生活的不同领域，解决这些具体问题，能够让学生掌握数学理论，并提高学生学习数学的兴趣和信心。

下面我们通过一个简单的实例说明如何把实例教学融入高等数学的教学之中。

实例：函数的最大值最小值与房屋出租获最大收入问题。函数的最大值最小值理论的学习是比较简单的，学生也很容易理解和掌握，但它的思想和方法在现实生活中却有着广泛的应用。例如，光线传播的最短路径问题、工厂的最大利润问题、用料最省问题以及房屋出租获得最大收入问题等。

我们在讲到这一部分内容时，可以给出学生一个具体实例，例如：一房地产公司有50套公寓要出租，当月租金定为1000元时，公寓会全部租出去，当月租金每增加50元时，就会多一套公寓租不出去，而租出去的公寓每月需花费100元的维修费，试问房租定为多少可以获得最大收入？此问题贴近学生的生活，能够激发学生的学习兴趣，调动学生解决问题的积极性和培养学生独立创新的能力。在教学过程中，我们首先给学生启发和暗示，然后由学生自己来解决问题。此时学生对解决问题的积极性很高，大家在一起讨论，想办法、查资料，不但出色地解决了问题，找到了答案，而且在这一系列的活动中，学生对所学的知识有了更深入的理解和掌握，取得了事半功倍的教学效果。可见，实例教学法在高等数学的教学中起到了举足轻重的作用。

结合素质教育的要求和高校大学生对学习高等数学的实际需要，通过多种教学方法的综合运用，多方面培养学生数学的理论水平和实践创新能力，使学生的数学素养和运用数学知识解决实际问题的能力得到整体提高，进而为国家培养出更加优秀的复合型人才。

第三节　职业教育高等数学教学方法

高等数学在工科的教学中有很重要的地位，然而大部分针对高职学生的高等数学教材主要还是理论性的内容，和社会生活联系并不多。非专业的学生不愿意学习高等数学，这一点比较普遍，要改变这个现状需要高等数学教师对教学内容和教学方法进行变革，从而提高教学质量。

笔者在一所职业大学从事高等数学的教学，在教学中发现职业大学的学生数学水平参差不齐，部分学生可以说是零基础，学生主观上对高等数学有畏学情绪，客观上高等数学难度较大需要更严密的思维，因此在职业大学中高等数学是一门比较难教的课程。数学是所有自然科学的基础课程，是一门既抽象又复杂的学科，它培养人的逻辑思维能力，形成理性的思维模式，在工作、生活中的作用不可或缺，所以任何一名学生都不能不重视数学。作为高等数学的教师，必须迎难而上，提高学生的学习兴趣，充分调动学生学习数学的积极性，同时适当调整学习内容，丰富教学方法。

一、根据专业调整教学内容

职业大学学生学习高等数学，绝大多数不会从事专业的数学研究，主要是为学习其他专业课程打基础并培养逻辑思维能力，因此比较复杂的计算技巧和高深的数学知识对于他们未来的工作作用并不明显。而现在职业大学高等数学教材针对性不强，所以教师需要根据学生专业的情况对教材进行必要的取舍。对于机电专业的专科学生，高等数学中的微分、积分以及级数会在专业课程中得到应用，像微分方程这类在专业课中并不涉及的知识点可以省略；专业课中数学计算难度要求并不高，较复杂的计算也可以省略；另外在教学过程中必须重视对学生进行逻辑思维能力的训练，可以结合数学题目的求解给学生介绍常用的数学方法、数学的思维方式以提高学生的抽象推理能力。

二、提高学生的学习兴趣

兴趣是最好的老师，数学是美的，但是数学学习往往是枯燥的，学生很难体会到这种美妙。如何提高学生对高等数学的兴趣是授课教师需要思考的问题。笔者在教学中为了让教学更加生动，加入了一些生活中的数学应用。比如，为什么人们能精确预测几十年后的日食，却没法精确预测明天的天气？为什么人们可以通过 https 安全地浏览网页而不会被监听？为什么全球变暖的速度超过一个界限就变得不可逆了？为什么把文本文件压缩成 zip 体积会减少很多，而 mp3 文件压缩成 zip 大小却几乎不变？民生统计指标到底应该采用平均数还是中位数？当人们说两种乐器声音的音高相同而音色不同的时候到底是什么意思……在这些例子中数学是有趣的，体现了基础、重要、深刻、美的特点。

三、培养学生自我学习能力

授人以鱼不如授人以渔，单纯教会学生某一道题目的计算不如使学生掌握解题的方法。因此讲解题目时可以结合方法论：开始解一道题的时候笔者会告诉学生这就和解决任何一个实际问题一样，首先要从观察事物开始，把数学题目观察清楚；其次就需要分析事物，搞清楚题目的特点，有什么样的函数性质，证明的条件和结论会有什么样的联系，根据计算情况准备相应的定理和公式；最后就是解决问题，结合掌握的计算和推理技巧完成题目的求解。通过这样的讲解和必要的练习，学生完成的不再是一道独立的数学题目，实现的是方法论的应用，也是更清晰的逻辑思维的训练，有助于提高学生的自我学习能力。"教是为了不教"，掌握解题方法，有自学能力，以后工作中碰到实际问题也能迎刃而解。

四、重视逻辑思维的训练

不管是工作还是生活中，人们都会遇到数学问题，如果没有逻辑思维只是表面理解，就有可能陷入"数学陷阱"。在教学中笔者常常举这样一个例子：有个婴儿吃了某款奶粉后突发急病死亡，而奶粉厂却高调坚称奶粉没有问题，是否有股对这个黑心奶粉厂口诛笔伐并将之搞垮的冲动呢？且慢，不妨先做道算术题：假设该奶粉对婴儿有万分之一的致死率，同时有 100 万名婴儿使用这款奶粉，那就应该有约 100 名孩子中招，但事实上称食用该奶粉后死亡的却远远没有 100 个。再估计一个数据，一个婴儿因奶粉之外的疾病、护理不当等原因而夭折的可能性有多少？鉴于现在的医学进步，给出个超低的万分之一数据，基于以上的算术分析，答案已经揭晓了，即此婴儿死于奶粉原因的可能性，是死于非奶粉可能性的 1/100，若不做深入的调查研究，仅靠吃完奶粉后死亡这个时间先后关系，来推理出孩子是被奶粉毒死的这个因果关系，从而将矛头指向奶粉厂，那就有约 99% 的可能性犯了错，因此要找到更多的证据。这是现实问题的概率学计算，在数学的教学中可以加入一些社会争议性的话题，用数学的方法和思想加以分析揭开事件的真相，学生的逻辑思维会在其中逐步提高。

受教育是一种刚需，高等数学教育是不可缺少的，然而教学内容和教学手段不应墨守成规，要根据社会和学生的需求有所改变。大学基础数学教育所应该达成的任务是让一个人能够在非专业的前提下最大限度地掌握真正有用的现代数学知识，了解数学家的工作怎样在各个层面上和社会产生互动，以及社会在这个领域的投资得到了怎样的回报。

第四节　基于创业视角的高等数学教学方法

创业教育在教育体系中具有重要作用，能够有效促进大学生的全面发展。而高数作为专业基础课程，对学生后期专业学习发展具有促进作用，能够一定程度培养学生创新能力和创新精神，为培养创业人才打好基础。

随着教育环境的不断变化，教育方式越来越多样化，且逐渐融入不同高校，并相应地取得一定成果。其中，创业教育影响力较高，以培养学生创业基本素养以及开创个性人才为重点，以培育创业意识、创新能力以及创新精神为主要目的。高数属于基础课程，重点以培养学生发现、思考和解决问题的能力，因各门学科不断发展和进步，其创业教育不断提高其影响力。因此，基于创业背景下，如何加强高数教育改革，不断提高大学人才培养，逐渐将就业专业过渡为创业教育显得尤其重要，可有效促进高校教学改革，进而提高大学创新人才培养。

一、基于创业视角下高数教学存在的问题

高数作为专业基础课程应用较为广泛，可为后续专业课程打好基础。但因高数知识点较为固定，易导致多数学生认为高数概念比较抽象，计算尤其复杂，且实际生活中实用性较低，进而降低学习兴趣。此外，受传统教学影响，多数教师仍以讲授法为主，使其教学效果无法满足预定目标，对学习效率造成影响。

因大部分学生高中阶段多以题海战术为主，步入大学校园后，仍觉得数学学科的概念抽象、无法理解，且因数学学科的枯燥性，致使多数学生对数学学科兴趣较低。而高数主要包含无法理解的微积分、函数极限等，较为乏味。多数学生认为，高数与实际应用毫无联系，在实际生活中应用较低，长时间保持此观念，易导致对高数产生厌学情绪，进而影响学习积极性和学习效率。

现阶段，高数教学方法多以讲授法为主，就是指任课教师对教材重点进行系统化讲解，并分析讨论疑难点，而学生则重点以练、听为主。该类教学模式重点以教师为主，全局把控教学内容以及教学进度。但由于高数课程相对复杂，且知识点具有抽象性以及枯燥性，若学生仅以听、练为主，易使多数学生无法理解，长期如此会使教学课堂气氛比较沉闷，学生对高数的兴趣逐渐降低，进而影响教学效果。

目前，多数院校高数教学多以课件教学为主，一定程度上导致讲授内容过于形象化。加之，大部分课件在制作时，工作较为烦琐，要具备较高计算机操作能力和构思能力，而多数教师在课件制作时，为了提高工作效率，多是照搬教材。同时，由于教学内容相对较多，而课时较少，多数教师为了赶教学进度，急于讲课，且对课件翻页速度较快，导致多数学生无法充分理解便进入其他知识点，难以了解高数，进而产生消极、懈怠情绪，影响教学效率和教学质量。

二、创业视角下高数教学方法探讨

在创业视角下，高数教学的主要目的是在于不断培养、提高学生创新实践能力以及创新精神，培养学生的创业意识、创业实践能力，改变传统教学模式，重点以学生为中心，根据学生各方面素质采取创业性教学，积极指引学生通过创新性、创业型模式提高高数学习效率，进而使高数教学具有创新性以及创业性，有效提高高数教学发展。

（一）教学设计

课程设置对学生的意识层面有基础性的影响作用，想要培育出创业型的人才就应该重视课程在学生精神方面的重要作用，着力于培养创业型人才。

（1）一年级设置"创业启蒙"课程。一年级的课程在学生的学习生涯中具有重要意义，对学生后期的兴趣走向、选择方向具有重要的引导作用，因此要培养创业型的人才就应该从一年级的课程抓起，将目标设置为培养学生具有创业者的创业意识和创业精神。课程的

设置可以根据蒂蒙斯创业教育课程的设置理念，既要注意学科知识的基础性、系统性，也不能忽视学生的人文精神的培养。在这一阶段，按照蒂蒙斯创业教育的理念，这一阶段的课程设置应该主要是通过对学生进行创业意识熏陶，进而培养学生具有创业者的品质。课程设置方面可以设置为创业基础精品课程、数学行业深度解读课程、高等数学的创业之路等课程，培养学生有一种创业的印象，在熏陶下培养创业意识。

（2）二年级设置"创业引导"课程。二年级是一年级课程的延伸，学生经过一年级的熏陶已经有了大概的创业意识、高等数学也能创业的印象、高等数学的创业方法，按照蒂蒙斯的观念，在这一阶段应该将课程设置为"引导"课程，即将如何寻找商业机会、高等数学的创业资源、战略计划等融入课程中，让学生在接受高等数学的课程教学时还能潜移默化地接受相关的创业知识，引导学生树立创业精神。

（3）三年级设置"创业实战"课程。三年级的课程是学生最后一年的课程，在学生的学习生涯中具有重要的作用，这时的学生经过一、二年级的熏陶、引导，此时已经有了足够的创业准备，这时的课程设置应该以为学生提供创业的模拟、创业实战教学为主。在这个阶段，根据蒂蒙斯的观点，应该着重让学生进行创业的自我体验，依托各专业创业工作室，让学生体会高等数学创业的实际情况，以特色的项目为载体的虚拟创业实践中，培养学生的创业能力。

（二）课堂教学

（1）问题情境教学。创业性教学的重要渠道在于对学生创新能力、创业能力予以培养，创新精神在创业精神中具有重要的作用，对发现创业机会、创建创业模式具有重要的作用，因此应该重视对学生创新性精神的培养。据有关学者阐述，及时发现问题、系统阐述问题相比于解答问题重要性更高。解答问题仅局限于数学、实验技能问题，但是提出新问题以及新的可能性，需要以新的角度进行思考，并且要具有创造性想象。高数属于初等数学的扩展以及延伸，其核心部分是问题，而数学问题主要就是将生活中的问题逐渐转变为数学问题。同时，高数目标是在于对学生进行分析问题以及解决问题能力的培养，在此条件下，能够提出问题，并且培养创新能力。因此，实际课堂教学中，任课教师应该以问题情境法予以教学，抛出问题，积极引导学生思考、解决问题，大胆创新、创造新问题并及时发现、解决问题，使其在解决问题中，能够收获新知识。对学生进行启发式教学，能够步步引导、启发，让学生主动思考，获得新知，进而感受数学的快乐。通过启发式教学能够有效扩展思维能力，激发学习积极性，对学生创新能力发展具有促进作用。相比于传统灌输式教学而言，可有效体现学生的主体地位，充分调动学习积极性，逐渐使学生从被动转变为主动，不仅能提高学习效率，又能培养创新能力。

（2）高数教学和实例有机结合。因多数高校高数教学以任课教师授课为重点，知识索然无味，易导致学生对高数失去兴趣，严重影响学习效率。但将实际案例和课堂教学相结合，能有效激发学生的学习兴趣和积极性。比如，在多元函数机制和具体算法课程中，可实行实践课程，以创业、极值为课程题目，让学生根据课堂所学知识，对创业中出现的极值问题进行模拟研究。此外，通过小组形式，让组员通过社交软件对创业项目的细节进行讨论，并用于阐述自身观点和意见，最终选取适宜课题，借助实地调查等形式，根据查阅资料实行项目研究，并撰写相应论文报告，以展示研究成果。高数教学与创业教育相结合的形式，能够不断激发学生特长和才能，使学生可以充分认识高数，进而起到培养学生客观、理性分析问题的能力，以激发学习主动性和热情性。

（三）实践

将课程设置与创业实践结合起来，在学生有了一定的创业意识和创业能力后学校应该开展相应的实践活动来丰富创业实战课程。通过开展"高等数学创业计划竞赛"等活动，围绕高等数学，让学生进行创业模型探索，模拟创业计划，进行市场分析，组织创业公司等。此外，学校应该重视为学生提供创业平台的重要性，为学生搭建创业服务中心、产业园组成创业实践基地等。

创业教育在社会发展中尤其重要，属于社会发展需求，能够有效推动人、社会发展，而大学生作为社会特殊群体，其创业教育能够有效推动学生的全面发展，为大学生创业提供基础。高数作为专业基础课程，能够在一定程度上为学生后续学习提供基础性支持，对教育体系具有重要意义。因此，高校教育者要提高对高数教学的重视程度，不断加深学生认知，同时，将创业教育、高数教学有机结合，便于为社会培养高质量、创新性人才。

第五节　高等数学中微积分教学方法

在高等数学中，微积分是不可或缺的教学内容之一，微积分与我们的现实生活息息相关，其中的很多知识已经被广泛应用到经济学、化学、生物学等领域中，促进科学技术迅猛发展。对很多学生而言，微积分学习显得非常深奥，很多时候百思不得其解。这就需要我们教师改革教学方法，提升学生的学习兴趣。本节先分析微积分的发展与特点，接着研究高等数学中微积分教学的现状及存在的问题，最后提出改善微积分教学的方法，意在起到抛砖引玉的作用。

一、微积分概述

从某个角度而言，微积分的发展见证了人类社会对大自然的认知过程，早在 17 世纪，就有人开始对微积分展开研究，诸如运动物体的速度、函数的极值、曲线的切线等问题一直困扰着当时的学者。在此情况下，微积分学说应运而生，这是由英国科学家牛顿和德国数学家莱布尼茨提出来的，具有里程碑式的意义。到了 19 世纪初，柯西等法国科学家经过长期探索，在微积分学说的基础上提出了极限理论，使微积分理论更加充实。由此可以看出，微积分的诞生是基于人们解决问题的需要，是将感性认识上升为理性认识的过程。

如今，高等数学中已经引入了微积分内容，主要包括计算加速度、曲线斜率、函数等内容。学生掌握好微积分的内容，对他们形成数学思想和核心素养有着广泛而深远的意义。

二、高等数学中微积分教学的现状

微积分教学对学生的抽象逻辑思维提出了很高的要求。教师要根据学生的学习心理组织教学，方能收到事半功倍的教学效果，但从目前来看，微积分教学的现状并不尽如人意，直接影响了教学质量的有效提升。其中存在的问题具体体现在以下几点：

（一）教学内容缺少针对性

在高校中，微积分教学是很多专业教学的重要基础，学好微积分，能为学生的专业学习奠定基础，这就需要教师在微积分教学中，结合学生的具体专业安排教学内容，这样可以使学生感受到微积分学习的意义与价值。但是很多教师忽视了这一点，教师在所有专业中安排的微积分教学内容都是千篇一律的，很多时候，学生学到的微积分知识是无用的，影响了教学目标的顺利完成。

（二）教学过程理论化

微积分的知识具有很大的抽象性，对学生的逻辑思维提出了很高的要求。很多学生对微积分学习存在畏惧心理，这就需要教师在教学过程中灵活应用教学方法，提升学生的学习兴趣。但从目前来看，很多教师组织微积分教学活动时，经常采取"满堂灌""一言堂"的传统教学法，教学过程侧重理论性，教师只是将关于微积分的计算方法灌输给学生，没有考虑到学生的学习基础，导致学生积累的问题越来越多，最后索性放弃这门课程的学习。

（三）教学评价不完善

一直以来，教师考查学生掌握微积分的水平，都是通过一张试卷来检验，以分数来考查学生的学习能力。这样的教学评价方式显得过于单一，试卷的考查方式仅仅能从某个角度反映学生的理论学习水平，无法判断出学生的学习情感和学习态度等要素。这种教学评价方式不够合理，迫切需要改革。

四、高等数学中微积分教学方法的改革建议和对策

（一）改革教学内容

教学内容是开展课堂教学的重要载体。我们都知道微积分课程的知识体系比较庞大，知识点比较多，很多时候对学生的学习能力提出了严峻的挑战，所以我们教师在课堂教学中要为学生精选教学内容，结合学生的专业性质，按照当今科学技术的发展水平选择合适的教学内容。目前，我们已经进入信息技术时代，计算机软件已经得到广泛应用，所以在

教学过程中可以淡化极限、导数等运算技巧的教授，注重为学生介绍数学原理和数学背景，比如"极限"概念为什么要用"ε-δ"语言阐述，"微元法"的本质意义在哪里，诸如此类的问题，可以调动学生的好奇心，教师要用通俗易懂的语言为学生解释这类问题的背景，使学生更好地学习数学概念，降低他们的学习难度。针对微积分中的定理证明，要强调分析过程，师生一起挖掘定理的诞生过程，而不是一味强调逻辑推理的严密性，否则会增强学生的思想负担。另外，教师也可以利用几何直观法来说明数学结论的正确性，教师安排学生探索定积分基本性质的证明，让学生借助几何直观图来证明设想，这样可以培养学生的创新思维，使他们感受到自主探索的趣味性和成就感。

另外，在教授微积分基本概念时，教师要注重微积分知识的应用，为学生介绍一些合适的数学建模方法，使学生畅游在数学世界中，感受微积分的实用价值。总之，教师要结合学生的实际情况安排教学内容，这样才能事半功倍地完成教学目标。

（二）灵活应用教学方法

正所谓"教学无法、贵在得法"，改革高等数学中微积分教学的方法有很多，关键是教师要灵活应用，根据教学目标和教学内容选择合适的教学方法，案例式教学法、启发式教学法、问题式教学法都可以拿来应用。鉴于我们已经进入信息技术时代，多媒体技术已经渗透到教育领域，笔者认为，在微积分教学中应用图像化、数字化教学手段比较可行。所谓图像化教学，就是在教学过程中利用计算机合理设计数学图形，帮助学生更好地理解教学内容。事实上，我国古代数学家刘徽早就提出了"解体用图"的思想，即利用图形的分、合、移等方法对数学原理进行解释。事实证明，利用图像化教学，可以化抽象为具体，符合学生以具体形象思维为主的特点。我们教师在教学过程中要重视这种教学方法的应用，帮助学生提升空间思维能力。

微积分中有很多内容适合使用这种教学方法，比如函数微分的几何意义、积分概念和性质的论述等，都离不开图形的辅助。迅速绘制所求积分的积分区域是一个基础步骤，我们可以借助计算机完成这样的操作。笔者在教学过程中一直有意识地引入计算机教学，使微积分的教学内容变得动态化和数字化，比如在讲解"泰勒定理"时，笔者利用计算机直接给出一些具体函数的图像以及此函数在某一点的 n 阶展开式的图像，并让学生进行比较。有了计算机的辅助，学生可以清晰明了地看到在 0 点附近，随后展开阶数的增加，展开式的图像更接近函数的图像。

除了计算机教学法，教师还可以引入讨论式教学法。学生的个性各有不同，他们对微积分学习也有各自的理解，教师可以将学生分为几个小组，让他们根据某道微积分题目进行讨论，学生在讨论过程中会发生思维的碰撞，每个人都发表见解，问题在无形中就得到了解决。比如，在讲授"对称区域上的二重积分的计算"这部分内容时，笔者为学生安排的问题是"奇偶函数在对称区间上的定积分有什么特性？怎样证明？"笔者让学生以小组为单位，针对这个问题进行自由讨论，学生纷纷开动脑筋，挖掘知识的本质，找到解决问题的答案。这样的教学过程还能在潜移默化中培养学生的合作精神。

（三）优化教学评价

学生的学习过程是一个自我体验的过程，每个学生都有自己的个性，他们的内心世界丰富多彩，内在感受也不尽相同，所以教师不能用一刀切的方式来评价学生，而是应该将过程性评价与终结性评价有机结合在一起，重在对学生的学习过程进行考察和判断。教师要结合学生的现实情况，为学生建立成长档案，因为微积分学习确实有一定的难度，教师要肯定学生的进步，给予学生及时的表扬，以此激发学生的学习成就感。教师可以将学生的出勤、回答问题的表现都纳入评价范围，考查学生掌握基础知识的情况，还可以给学生提供一些数学建模题，考查学生利用理论知识解决实际问题的能力。除了教师评价，还要加入学生自评和学生互评的做法，让学生自己评价自己学习微积分的能力、情况与困惑，这样可以让学生更好地定位自我，发现自己在学习中存在的问题，进而查漏补缺，更有针对性地学习微积分。

课堂教学是一门综合性艺术，高等数学中的微积分教学具有一定的难度，知识比较深奥，教师要想使学生学好这部分内容，必须灵活应用教学方法，重视教学评价，使学生能不断总结、不断完善，并学会用微积分知识解决现实中的问题，让学生为未来的后继学习奠定扎实的基础。

第六节　高等数学课程教学方法的分析

高等数学对高等院校教学发展有着极为关键的作用，随着社会教育形式的发展进步，其教学方法也面临着重大的挑战。因此，本节通过分析高等数学的教学特征，指出要实现优质的讲授法教学才能够提高数学的教学效果，促进学生创新思维的培养，满足社会对应用型人才的需求。

教学方法是教学过程中教师与学生为实现教学目的和教学任务要求，在教学活动中采取的行为方式的总称。随着教学设计理念的进步和教学改革的深入，教学工作者创造和积累了丰富的教学方法。高等学校教学方法的改革一直是行政管理部门和广大师生高度关注和积极推进的工作，本节针对高校高等数学课程的教学方法进行研究分析，以期提高教学效果，通过高等数学的教学助力高校对学生逻辑思维能力的培养。

一、高等数学课程的教学特征

高等数学是高校课程体系中的重要学科，它是其他众多学科学习的基础，在高校开设的课程中具有举足轻重的地位。恰当地运用教学方法是提高数学活动效能、确保教学质量和教学实践取得最优效果的重要保证，选择合理的高等数学教学方法首先要分析高等数学课程的教学特征。

（一）教学内容的高深性

高等教育一以贯之的使命就是传授"高深知识"，高等数学更加凸显出教学内容的高深性，教学内容包含了高度理论化的、抽象的、专门的高深概念性知识。有时高校教师在课堂教学中讲授的教学内容是精选、浓缩、渗透和引入了数学课程最前沿、最新的知识，对大多数学生来讲是抽象陌生的。

（二）教学过程的探究性

高等学校教师有科学研究的任务要求，教学与科研相结合也是高等数学教学课程的要求。数学教学不仅要传授已有的高深知识，还要引导学生探索学科领域的未知世界，通过教学介绍学术界的争论与有待探讨的问题，以激发学生的创造精神。教师不仅要进行课堂上数学书本上的知识传授，还要通过学生实习、见习、毕业设计和毕业论文等活动让学生参与查阅资料，了解新的创新性理论。教师不仅要从事科研，还要引导带领学生参与科研项目，以此培养学生的创新精神和能力。

作为一名教师要充分认识高等数学教学的性质和特点，据此理解和运用有效的教学方法，提升高等数学的教学效果。

二、高等数学课程讲授法的利与弊

讲授法是教师通过口头语言的方式，系统地向学生叙述事实、解释概念、论证原理和阐明规律的教学方法，是历史最为久远、应用最为广泛的经典教学方法，几乎每一门学科专业的教学都可以采用讲授的方式组织教学。目前，高等数学主要以讲授法为教学方法，对教师而言，它是一种传统的教授方法；对学生而言，它是一种接收性的学习方法。它的优点是教师在较短的时间内向较多的学生系统地传授大量的知识，有利于发挥教师在教学中的主导作用，有利于教师对教学过程的控制。

高等数学是一门理论性的课程，有许多抽象的数学知识概念，思维逻辑性较强。传统讲授法只是让学生一味地听、记笔记、做练习，不利于因材施教，难以兼顾学生的个性差异、难以兼顾师生之间的互动与协作、难以做到给予学生充分表达意见的机会，不能充分调动学生学习的积极性，使得部分学生不能真正理解教师讲解的数学知识概念，对其与实际应用的关联理解不透彻，数学给他们的印象就是抽象的、难以理解的、没有实用性的，导致学生学习兴趣不浓厚，课堂气氛沉闷，学生学习效果和成绩自然不理想。对于高等数学课程而言，教师应该改进讲授教学法，在教学过程中去激发学生学习数学的动力，进而实现优质的讲授法教学。

三、优质讲授法教学的要求

实现优质的讲授法教学需要很多职业性条件，教师要有坚强的意志、教学法想象力、幽默和强大的自我意识，但这些还不足以形成优质的讲授法教学，它还需要教师具备一些具体的方法和技巧。比如准确洞察和了解学生状况的能力；灵活准确地运用身体和口头语言；尽管多媒体技术已经很发达，但还要学会使用黑板；有良好的时间观念，能合理掌控课堂进度和节奏；掌握一些处理课堂突发事件的技巧。具体而言有以下几个方面：

（一）讲授要有明确的目的性

教师要明确讲授课程在学生专业学习和知识建构中的定位，任何一门课都是教学计划的一个组成部分，任何一节课都是教学大纲要求的内容，要从数学课程的角度出发来实现专业培养目标。所以，要求讲授有明确的目的性，教师的课堂讲授应当体现专业培养目标的要求。高等数学是许多专业都要开设的课程，但是不同专业对这门课程就有不同的侧重点，教师就要根据不同专业的培养目标，确定本门课程的教学目的、要求和重点，以便为这个专业的培养目标服务。

（二）科学地组织讲授内容

教师要熟悉和把握教学目的要求，由于数学内容较抽象，因而教师要了解学生相关的专业知识和经验基础，要认真钻研教材、大量查阅文献资料、精通并合理地组织教学内容，对教学内容进行科学加工、组合，使之结构严谨、层次清楚，力求做到教学内容和方法的优化组合。数学概念的引入很重要，好的引入能够激发学生的学习兴趣和求知欲望，讲授过程既要追求系统性和逻辑性，又要主次分明，突出重点和难点。比较有效的办法是，教师在开始新的讲授前，要指导学生对新内容进行预习和准备，使学生对基本教学内容有一定的了解，然后在讲授中主要就教学内容的难点和学生自学中遇到的问题进行解释和说明，并根据学科领域的新发展向学生提供新的教学信息，使之达到预期的教学效果。

（三）教学语言应具有清晰、精练、生动的特点

讲授法主要是以口头语言为传递和交流教学信息的工具，教师语言素养的水平会对教学效果产生直接的影响。因此，要求教师不能用"照本宣科"式的机械性的表述，而应该尽量做到以下几点：第一，清晰、精练的讲解能够为学生留下思考的时间和空间；第二，生动、幽默和富有激情的语言表述可以感染学生，使其产生对知识的热情；第三，语言尽量"深入浅出"，引导学生由表及里地领会和掌握教学内容。

（四）寓启发于讲授之中

如果讲授演变为教师在课堂上的独角戏，是难以取得预期教学效果的。高等数学的目标是培养学生运用数学知识分析问题和解决问题的能力。为此，教师要精心设计富有针对性、启发性的问题，采用探究式教学方法引导学生研究。问题是数学的核心部分，数学概念问题来源于生活，是把现实生活中的问题升华为数学问题，通过不断的设疑、提问，引导和鼓励学生参与教学，促使学生进行积极主动的思维活动，学生可以从不同角度主动地思考问题，一个数学问题可以提出不同的解题方法，从而培养学生的创新思维能力。教师

在着重讲清基本数学概念和推理线索并提供必要的材料后，可以把寻求答案的任务留给学生，启发学生通过独立思考来获得有关问题的答案，从而使学生在解决问题的过程中获得新知识、理解新知识、感觉成功的喜悦。设疑提问强化了师生互动，师生互动使得教学气氛活跃，调动了学生学习新知识的积极性，使学生由被动学习变成主动学习，进而提高教学效果，培养学生的创新能力，这在高等数学的教学中尤为重要。

高等数学是非常重要的基础性学科，优质的高等数学教学方法对提高当今大学生的整体能力和素质起到了极其重要的作用。高数教师需对数学的教学方法做出深入研究，采用更加科学有效的教学方法，加强对学生创新思维、逻辑思维能力的训练，培养出更多的创新型、应用型人才，从而有效提高大学生在就业方面的竞争力。

第七节　高等数学与初等数学教学的衔接方法

目前，很多高校学生在学习高等数学这门课程时普遍觉得不适应，有的学生经历半个学期后依然难以达到入门水平，此类现象在高校中广泛存在。基于此，为确保学生的水平从中学数学稳定过渡到大学数学，需要采取有效方法合理衔接初等数学与高等数学，推动高校教学质量更上一层楼。

一、高等数学与中学数学的不同之处

（一）知识的不同

第一，知识具备一定重复性。立足对现有教材的调查分析，学生对很多知识已然有了了解认识，涵盖导数概念及计算、四则运算法则等具体知识点，学生却不知晓知识点具体的来龙去脉，难以熟练完成复杂函数极限与求导、求解等过程。导数应用涵盖曲线的极值、切线、最值的求解以及函数单调性及生活最优化问题的判断，平面几何解析，向量线性运算，向量的定义及坐标解释等均属于明确的课标内容，同样也是高考的主要内容，学生对这方面知识掌握得比较好。

第二，知识有断层。实践证明，高等数学与初等数学对应知识存在重复现象，始终存在难以衔接的问题，如球坐标和柱坐标的变换，这几类变换虽然均在中学数学中出现过，但大多数中学生却难以熟练掌握；多数学生均不知道三角函数正割以及余切、余割函数、积化和差、反三角函数、和差化积、万能公式等具体知识点，对此知之甚少。同时，反双曲函数以及双曲函数均存在断层问题。

（二）方法的不同

纵观初等教学进程，教师教学时一般都是通过大量例题与习题实现某个知识点的提高与巩固，旨在让学生能够扎实掌握知识。高校均采取大班授课的方法，涉及的教学内容非常多，知识点紧凑，一般均是在课堂上讲解具体的知识要点，较少进行课堂习题练习，较少针对对应习题进行分析，学生需要在课后自行归纳总结与做题，对课堂内容的理解掌握上存在一定难度。

（三）反馈的不同

中学生一般没有较多时间对课本内容进行仔细阅读，课余时间大多用来完成教师布置的相关作业。课后，中学生有较多机会接触教师，将不懂的问题及时向教师反馈并展开询问。但高校教师与学生除了上课外基本没有见面的机会，即使可运用 QQ 以及微信等方式进行沟通，但很多学生并不愿意进行交流，如此一来，教师仅能通过课件或者作业实现相关信息的反馈。

（四）心理的不同

中学会频繁进行考试，通过考试进行复习，使学生长期处在紧张的学习状态中，以达到高效学习的目的。很多学生将大学看作调整休息的时期，从思想上放松学习，未对自己提出较高要求，同时大学生需进行自我管理，依靠自身安排学习与生活，容易出现茫然失措的心理，部分学生不会合理安排时间。

三、有效衔接高等数学与初等数学的具体途径概述

（一）强化知识衔接

立足知识内容这一角度，高等数学是初等数学的深化和提高。针对高等数学课，要将初等数学当作基础，在中学时期学过的幂函数、指数函数、对数函数、三角函数等的基本性质和运算，平面解析几何中常见曲线方程、图形、不等式的性质等内容在高等数学学习中经常用到，这些问题在课堂上仅需要简单复习即可，避免重复。

部分初等数学知识在高等数学中尚未涉及或者涉及的角度和侧重点不同，针对此类内容，教师不能认为学生在中学已经掌握就轻描淡写或一带而过，避免在高等数学与初等数学之间形成"空白"地带，从而造成高等数学与初等数学在某些知识内容上的脱节。例如，极坐标系的建立、常见函数的极坐标方程等知识在中学课程中没有涉及，而高等数学中的积分运算和积分应用问题以此为基础，若不补充讲解，学生学习这部分内容时就会难以顺利过关。中学虽已开始学习极限、导数、积分、向量的概念及计算，但仅侧重于简单计算。到了大学还要学习这些内容，侧重于对基本概念的理解及在实际问题中的具体应用，在教学中一定要讲清楚它们的不同要求，尤其要注意初等数学内容和高等数学内容的衔接关系，使教学中知识内容不会重复与脱节，有利于学生顺利渡过学习难关。

（二）做好方法衔接

第一，循序渐进地开展教学，为学生营造良好的方法适应过程。在高校数学教学中，刚开始的几次课进度稍微放缓些，不断提醒并引导学生养成良好预习习惯，使之能够带着

问题上课，在课堂学习中认真把握重难点，认真做好课堂学习笔记，在课后时间积极完成复习，全面总结归纳，列好层次分明的课程内容提纲，以便为复习提供便利。采用教学模式应注意，中学所学定理与习题的理解与解答是密切相关的，但是高等数学则不然，此课程体系拥有较强理论性，博大严密，概念推演与逻辑联系十分严谨，学生仅依靠习题练习难以全面理解并掌握相关理论，即使弄懂概念也不一定会做习题，因此应注重培养学生边看书边思考的学习习惯，立足整体角度出发，让学生全面掌握基本理论方法，在高等数学与初等数学衔接中实现学生自学适应能力的有效强化。

第二，针对例题与习题进行精心选择并强化解题技巧指导。在高等数学学习过程中，应立足方法角度对比初等数学，如可以，尽可能选择一些既能够用到初等数学又可以用到高等数学知识解决的相关问题，分别运用两种办法解决问题，使学生能够切实体会到知识间的相融性，将学生学习兴趣全面激发出来，使之理解能力实现强化，认知水平获得提高。例如，在初等数学中较常运用配方以及不等式进行极值求解。此类方法的优势在于利于学生理解，使学生更好地掌握知识。然而这些方法的应用存在三个缺点：要求的技巧性较高，尤其是针对较复杂的问题时能够适用的范围相对较窄，仅可针对特殊问题进行求解；最值与极值两个概念容易混淆，导致极值遗漏。通过微积分手段对极值展开求解，能够遵循固定程度，对应要求的技巧性相对较低，具有较为广泛的适用面，更容易区分极值与最值。

第三，基于多媒体教学应用实现学生思维能力锻炼。实践证明，高等数学是一门具有较强抽象性特点的课程，在日常教学实施过程中应注重多媒体教学手段的优化运用，基于板书结合多媒体及数学软件、学生实验的方法，学生对数学概念理论的理解不断强化，教学效率明显提升。例如，引入定积分时，基于多媒体动画功能的优化运用，通过矩形面积和极限展示曲边梯形面积，能够把定积分这类十分抽象的概念更加生动形象地展现出来。与此同时，鼓励学生多动手，使思维能力得到强化锻炼，如定积分，引导学生进行编程计算，通过分割不同的积分区域实现不同值的获取，分割得越细则越能获得精确的计算结果。基于这一系列操作，学生可以深刻理解分割求和取极限对应的微分思想。

（三）改进考查方式

中学数学考试中较常见的考查方式是闭卷考试，目的在于考查学生对知识的理解及实际运用程度，采用较多的题型是计算题，应用题和证明题数量相对较少。一部分数学基础薄弱的学生难以理解数学定理及解题思路，普遍依靠记忆死记硬背，结束考试之后很快就会忘光。对比高校高等数学，因为学习内容体系不尽相同，应在结合基础知识考查的同时重视考查能力强化，要将知识以及能力、素质的对应考查有机结合在一起。

第一，充分重视日常课堂考查并完成教学成果检验的及时反馈，检验学生知识掌握程度，每章节及期终展开测试固然非常重要，但平常针对学生知识掌握情况的考查同样不容忽视，课堂提问以及课后题思考、课后作业等均属于日常考查，在整个课堂教学中始终贯穿课堂提问，作用在于针对已学知识与将要学到的知识承上启下，保证教学进程流畅开展，有助于学生加深对概念理解与方法的掌握程度，使之合理避免规律性错误的形成，有效建立正确的数学思想。

第二，综合评价学生并拓宽考查方式，教师应就学生数学能力展开细化评价，基于多元化方式的运用，组合给分，综合评价，包括家庭作业、小黑板演算、智力小品、杂志阅读、小测验等内容。唯有立足这些基础的综合评估，才能将学生数学课程掌握情况公正合理地反映出来。

综上可知，结合实际情况，立足现状分析，认真采取有效措施完善高等数学与初等数学的良好衔接，保障高等数学取得较高的教学质量，推动数学教育更上一层楼。

第八章　高等数学教学中学生能力培养

第一节　高等数学教学中数学建模意识的培养

高等数学在整个数学领域中占据着十分重要的地位，它具有严谨的逻辑性和广泛的应用性，是人们在生活、工作和学习中的重要工具。而数学建模的主要意义即为让学生通过抽象和归纳，将实际问题构建成一个可用数学语言表达的数学模型，从而利用数学知识顺利解决，同时在构建模型和解决问题的过程中，也使自身的数学思维及应用能力得到锻炼和发展。鉴于此，如何有效培养学生的数学建模意识历来是高数教师积极探索的课题。以下笔者拟结合自身教学实践，针对高等数学教学中数学建模意识的培养谈几点策略性意见，希望对相关教育工作者有所助益。

一、在概念讲解中挖掘数学建模思想

我们知道，无论哪一门学科知识，概念和定义的形成都建立在对客观事物或普遍现象的观察、分析、归纳和提炼的基础之上，是经过科学论证形成的学科语言表达。高等数学作为一门逻辑性和应用性强的工具学科，这一点体现得尤为明显。换言之，即其概念和定义都是从客观存在的特定数量关系或空间形式中抽象出来的数学表达，从本质上说，其本身即蕴含和体现了经典的数学建模思想。因此，教师在进行数学概念或定义的讲解时，一定重视挖掘其中的数学建模思想，使学生从本源的角度更好掌握。具体来说，即为借助实际背景或实例，强调从实际问题到抽象概念的形成过程，使学生体会数学建模思想，这不仅有助于其在潜移默化中逐步树立数学建模意识，也有利于其对概念或定义的理解和掌握。

例如在讲授极限的定义时，如只单纯灌输，则不少学生会由于其高度的抽象性而感到空洞，如此既不利于对定义的学习，体会数学建模思想更将无从谈起。这种情况下，教师就可合理地引入一些实际背景，结合实例进行讲授。例如我国古人所说的"一尺之捶，日取其半，万世不竭"，其中就含有极限思想；又如古代数学家刘徽利用"割圆术"求圆的面积，实际上就利用了极限思想；还可以通过一组实验数据或是坐标曲线上点的变化等实例向学生展示极限定义的形成，并深入挖掘其实质。这样学生不仅能相对容易地掌握定义，而且更能体会其背后的数学建模思想，从而促进其数学建模意识的培养。

二、在定理学习中示范数学建模方法

高等数学中涉及很多重要的定理及公式，学生应在理解的基础上掌握其运用角度和应用方法，并能利用其解决一些与之相关的实际问题，这是对学生学习高等数学的基本能力要求之一。而在引用某些定理解决实际问题时，毫无疑问会涉及数学建模，因此，教师在日常教学中进行定理及公式的讲授时，应注意选择一些相关实际问题作为数学建模的载体，并加以详细而深入的建模示范，从而在学生初始接触定理和公式时即能触发对数学建模思想的应用意识和能力。这可以说是培养学生数学建模意识的关键环节和有力途径，是显著促进学生形成数学建模意识的直接手段。如能长期以这种理论联系实际的方式对学生加以熏陶，无疑也能使学生在潜移默化中增强数学建模意识和数学应用能力。

例如，一元函数介值定理是高等数学中的重要定理之一，其应用比较广泛，在学习此定理时就可以合理引入比较有代表性的实际问题进行建模示范，笔者曾用过有名的所谓"椅子问题"：将一把四条腿的椅子置于一个凹凸不平的平面，椅子的四条腿是否有同时着地的可能？试着做出证明。在示范建模并加以证明的过程中，就使学生对抽象的介值定理有了更深层次的理解，同时体会了数学建模的应用，尤其是如何用数学语言描述实际问题，从而更好地建立模型。另外，也在一定程度上提升了对介值定理的应用能力。

三、在大量练习中感悟数学建模的应用

俗话说"实践出真知"，只有不断地应用演练，才能促使学生真正树立起数学建模意识，并切实体会数学建模思想及方法的应用。这方面，数学应用题无疑是最好的练习阵地，它的主要作用便在于提升学生运用所学知识解决实际问题的能力，因此较多涉及建模问题，尤其是突出思想和方法的应用过程。笔者建议，在学习过相关理论知识后，应"趁热打铁"，适当选取一些经典的实际应用问题供学生练习和提升，即通过分析、归纳和抽象构建数学模型，而后运用数学知识解决问题。这是培养学生数学建模意识的发展和补充，值得我们高度重视。

比如，与导数相关的实际应用问题有经济学中的边际分析、弹性问题、征税问题模型；与定积分相关的有资金流量的现值和未来值模型、学习曲线模型等；微分方程则涉及马尔萨人口模型、组织增长模型、再生资源的管理和开发的数学模型等，尤其是利用微方程模型分析一些传染病中的受感染人数的变化规律，从而探寻如何控制传染病的蔓延。总之，可用于学习练习数学建模的经典实际应用问题有很多，教师应善于合理选取和重点讲解，引导学生增强数学建模能力和解决实际问题的能力，从而获得更好的进步和发展。

综上，笔者结合教学实践，就如何在高等数学教学中培养学生的数学建模意识提出了三点浅显见解，即在概念讲解中挖掘数学建模思想、在定理学习中示范数学建模方法、在大量练习中体会数学建模的应用。当然，培养学生的数学建模意识是一个具有一定深度和

广度的话题，只有在教学实践中积极探索、深入思考并善于总结，才能找到更多更有效的策略及方法，从此角度来讲，本节仅为抛砖引玉，尚盼方家指教。

第二节　高职高等数学教学中学生能力的培养

数学在我们的学习中，占有重要的位置。我们要如何有针对性地给学生进行能力方面的培养，这是一个十分重要的问题，能力关乎我们的各个方面，数学能力的培养具有应用性、精确性。确定了培养能力的各个方面，让自己不断地优秀，使自己的数学能力能不断地发展，对自我也是一种提高。本节讨论高等数学学生能力的培养策略。

在我们进行学习的过程中，高等数学占有重要位置，它对各个学科都有基本的作用，比如学习自然科学、经济学、管理学的时候，高等数学都是学习它们的基础，能让学生在学习的时候更加顺利，起到一个了解的作用，不用太为不了解具体情况而发愁，所以高等数学的学习对我们至关重要，我们需要在高职高等数学方面打好基础，才能更好地学习其他各科。我们在学习的过程中不能光靠老旧的思想去学习，要加入新的思想，让学习思想变得活跃，更好地学习高等数学。我们要靠自己的实力进行学习，加上自己的实力，让自己的实力能得到充分的演绎，让自己能在高等数学方面更加长远地发展下去，更加的优秀下去，达到高等数学能力培养的目的。

一、自学高等数学的能力

自学能力学生很少具备，也很少学生能够做到自学，自学的话是完全依靠自己进行学习，通过自己进行查阅资料、买资料、图书馆阅读等方法来进行学习，以此达到自学的目的，但是自学的难度很大，还要在很大程度上依靠一颗学习自觉性的心，这就在很大程度上构成了一些负面影响，让自己会有太多的困扰，来阻挡自己进行自觉性的学习。我们在学习的过程中，教师应该尊重学生的学习自觉性，让学生占据主导地位，以此来让学生养成良好的自觉学习习惯，不至于太过依赖老师，这样的话自学高等数学的能力就会大幅度提高，如果我们过度依赖教师的话，自觉能力不会提高，会导致大幅度下降，那么我们的高等数学自学的能力就会减少，这个时候自学能力对我们来说就是消失了，就没有任何的作用。在上高等数学课的时候，也更应该把主导地位让给学生，让学生的思维能力得到扩展，在问题上进行求同存异模式，这样就会让学生得到更多无限的发展空间，他们会对问题进行讨论、进行研究，这样就会加深记忆，也会让他们的能力有所提升。教师实行这样的方法，不至于让学生离开教师就什么也不知道，什么也办不到了；教师采用这样的方法能让学生更加独立地进行思考，同时在自学能力方面有所提高。上课的主导权交在学生手里，学生对问题、对课堂内容、对课程的章节都会有所整合，自己整理规划才是真正属于自己的东西，才能更好地把握知识，对知识有一个正确的分析能力和分辨的能力。在进行思考的时候，让他们自己有一个思考的时间，自己去动手，这样才能锻炼他们的能力，让他们的能力得到一定程度的提升，也让他们得到进一步的发展。

二、学习高等数学的兴趣

做任何事情之前我们都要先提升自己对这件事情的兴趣，这样我们才能更好地完成它，如果我们对这件事情没有兴趣，那么就不会产生积极心理，这件事也就失去了它的真正价值所在，没有能够正确地去尽力处理它，去解决这个问题，去认真地听。教师在讲解的时候或者在教师没有进行讲解的时候自己要认真地查阅资料，所以在做一件事情的时候，我们一定要提升对它的兴趣，提高自己的积极心理，高等数学也是，我们必须提升自己学习高等数学的兴趣，这样才能加深对高等数学的了解，提高在高等数学这方面知识扩展的能力。兴趣是我们学习任何事情的基础，我们只有对这件事感兴趣，才能把这件事去更好地完成它，更好地解决它，无论什么时期在高等数学学习的过程中，教师一定要先提升学生学习的兴趣，我们可以通过多种方式来提升学生的兴趣，学生的兴趣是很容易被调动起来的。其实高等数学对学生来说难度是比较大的，在调查中可以很明显地看出学生对高等数学的学习积极性并不大，主要原因是高等数学的学习难度比较大，很多学生都不好好学习，还饱受高等数学学习难度的困扰，这个时候我们只要调动学生积极性，学生的兴趣就会提高，那么在学生感兴趣的基础上，学生就不会感到难度过于大，同时在教师一点儿一点儿地讲解过程中，学生会跟着教师的思路走，让学生感觉到没有那么难。学生在一方面需要克服自己心理，另一方面需要提起对高等数学的兴趣，这样才能达到良好的学习高等数学的效果，才能进行自我提升。在进行高等数学教学的过程中，首先教师需要改进自己的学习方法，提升学生的学习效率，然后调动温馨融洽的学习氛围，让学生更好地融入学习的课堂中。比如，在讲解二元函数的偏导数时，首先，学生已经对一元函数有了明确的认识，在这个基础上，教师只需要把二者进行比较着来讲解，在一元函数的基础上，二元函数就更加简单。通过比较来学习，学生学习起来也会比较容易，比较轻松。通过比较学习，二元函数是学生在了解一元函数的基础上进行学习的，这样对二元函数也会了解，学生不会感觉太难，就会提高学习的积极性，增加求知欲，这样二元函数的学习也能得到有效的提高。

三、高等数学的思维能力

在我们学习过程中，我们的思维能力至关重要，教师也要对我们的思维能力着重进行培养，比如在教师进行问题考查的时候，不要很快地给出问题的答案，要给我们留有一定的思考空间，让我们进行思考，这样我们的思维能力才能得到提高，而且教师还可以根据课堂上讲的内容，让我们对课堂上讲的内容有所扩展。数学思维是我们对客观世界的一种看法，我们可以通过直觉来判断，以此推出问题的答案，得出解答的规律，让复杂的事情变得简单，不会再有其他麻烦的心理产生，这样会解决很多问题，得到很多问题的答案，让自己得到进展。中职学生高等数学的发展并不是直接给出学生问题的答案，直接给出学生问题的答案不利于学生思维能力的发展，让学生通过类比、推理等方法进行发展，这样会得到思维能力的提升，让学生的思维变得活跃起来，不会太过于愚钝。在学生学习的时候，让学生根据不同的层面发出自己的观点，在不同的层面得到一种观点，这样就会得到多种层面理解的思维能力，学生的整体素质都会得到发展，科学思维得到显著提升。

四、高等数学的应用与创新能力

在我们进行高等数学的学习过程中，应该更注重自己的创新能力，创业能力对我们的学习至关重要，它是我们学习所必须具备的一项技能，创新能力也是我们能不断进行自我发展、不断进行自我提高的基础。教师不必将自己固定的题来传达给学生，而是可以让学生通过自己的想法创造出题型来做，这样就会对学生的创新能力有一个局部的提升。教师应该把自己的想法说出来，然后让学生有一个成型的创新能力，使之借鉴和发挥。比如在学习参数高阶导数时，可以参照一阶导数的求导方式求出二阶导数的求导方式方法，不必非要参照课本上的求导方式，这也是对学生思维能力的一个提升，在创新方面也发挥着它的作用。我们在课堂中要营造一个公平、民主的氛围，让学生进行讨论进行研究，不要对学生太过限制，这样不利于学生创新能力的发展，教师要让学生进行不断的创新，不断的实践。

能力的培养对学生在高等数学的学习中至关重要，在这个注重学生能力培养的时代，我们更应该对学生进行各方面优质教学，教师也起到了很大的作用，教师对待学生有疑惑的知识点，要不断地学习，不断地自我提升，这样才能更好地教学生。我们不能止步不前，能力需要不断地提高。

第三节　高等数学教学中数学思想的渗透与培养

在高等数学教学中，为准确把握及有效应用高等数学知识，必须具备良好的数学思想。本节将简要讨论数学思想在高等数学教学中的渗透和培养，希望能够在未来帮助数学教学更好地开展。

针对当前大学生数学学习的现状，可以发现数学思想的教学在高校数学教学中具有十分重要的意义。"渗透性"是数学思想和方法应用的初始，同时教师应当带领学生在学习过程中做好小结，并且在考核时也能对数学思想方法进行有效利用。数学思维方法有目的地普及化可以最终提高学生学习数学和提高数学素养的能力。

一、数学思想在高等数学教学中的渗透意义

有利于提高学生的数学能力。为提高学生的数学能力，需不断增加学生数学基础知识，但是即使增加了数学知识，也不能将知识直接转换成数学能力。数学能力水平取决于数学思维方法的掌握程度。当意识达到一定高度后即发生质变，从而构成理性认识，也就是我们所说的数学思想方法。学生的认知能力提高后，数学能力逐渐形成，这对学生数学能力的提高非常有利。

有利于培养学生的创新思维能力。实践意识和创新意识的培养是高等数学思维方法的首要目标。学生在具备原理后，逐渐构成类比，随后将其迁移到相关实践与学习中。学生在掌握数学思想方法后，有利于促进数学知识迁移，将知识逐渐转变成能力，最终形成二次创新。因此，将数学思维方法融入数学教学不仅可以帮助学生掌握数学知识，还可以帮助学生在掌握知识的基础上实现创新。

有利于培养学生的可持续发展能力。在未来学生就业中，数学素养对工作韧性的建立是非常有利的，它也可以培养学生的可持续发展能力。由于教师很难在有效时间内将全部适用于未来发展的知识与方法传授给学生，所以为解决好上述问题，有必要在高等数学教学中渗透数学思维方法，使学生掌握大量的策略方法和数学思想，有助于提高自身素质。让学生获得更广泛的知识，最终通过数学思维解决问题。因此，在高等数学教学过程中，运用数学思维方法有利于培养学生的可持续发展能力。

二、有效地渗透和培养数学思想的方法

构建数学思想体。为实现深入"渗透"，首先应形成一定体系。数学思想形成一定体系后，能够使思想循序渐进地推进。作为最基础环节，教师要能够通过教材知识，使学生掌握数学思想及相关概念。逐渐渗透"数学思维方法可以帮助学生理解和构建知识系统，使学到的知识不再是零散的"。当系统逐渐完备后，提高学生的数学思维能力，最终提高学习效果。数学知识是数学和方法的载体，也是数学的本质，它可以支持知识。在定理、概念和性质的教学中，教师应该继续渗透相关的数学思维方法，也是指导学生参与结论探索、推导和发现的过程。

与实际问题相结合。想要将数学思想方法真正落实到实践中，应当将数学建模思想作为其中的纽带，将思想方法与实际问题进行联系。教师可以利用实际问题、现实问题、数学建模等多个形式，展现出数学建模的本质思想，并且与学生所提出的实际问题进行联系。例如，针对北方双层玻璃问题方面，教师可以对学生进行有效引导，创建间层空气、创建玻璃、热量散失区间等数字模型，并且根据模型总结假设因素、变量、常量、数字符号之间的联系，随后与单层玻璃热量流失情况进行实际比对，帮助学生理解生活与数学知识的关系，让学生正确运用数学概念处理实际问题，最终提高学生解决实际问题的能力，也为

他们未来学习数学提供动力。

将数学思维渗透到新知识中。在运用数学思想方法的过程中，它离不开新知识的教学。这要求教师将新知识转化为自己的能力，整合教学内容，并且将所引发出的定理、意义、公式等较有辩证理念的方法传授给学生。比如在学习极限过程中，教师首先可以为学生介绍知识相关背景，随后利用实际案例对极限进行讲解，再讲解定积分、导数等定义，最后运用数学思想将处理极限问题的方法展现出来，逐步渗透给学生。

在小结中提炼思想方法。数学思想是学生形成一定数学认知的基本途径，同时也是学生将数学知识转换为数学能力的重要纽带。在高等数学中相同的内容可能包含多种思维方法。在不同高等数学的相关小结中，运用思想提炼等方法能够帮助学生有效地找到学习知识的"捷径"。通过这种方法，我们可以有效地避免过度追求数学思维方法教学的问题，也可以促使学生对知识的理解有一个质的飞跃。同时，还要注重学习，着力突破学习中的困难和关键问题，并运用数学思维方法来处理这些问题。重复运用数学思想与方法对问题进行解决，最终能够实现对数学知识的加深和巩固。

综上所述，在高等数学教学过程中，教师应该运用数学思维方法来提炼具体知识并整合规划。在此过程中需要教师能够以标准的、有计划的、有针对性的数学思维方法进行深入"渗透"。另外，教师还应根据课程内容设计类别和特点，以实现数学思想的有效应用，避免流于形式。另外关于高数相关概念的学习，教师也应该运用数学思维方法，打破概念学习的抽象性，便于学生更有效地掌握概念内涵；遇到公式证明或者讲解定义时，可引导学生运用相关数学思想进行关联与思考，如发散思维、微积分思想等。需要注意的是，将数学思维方法应用于高等数学教学中是一项长远细致的工作，并非一蹴而就，因此高数教师对数学思想的渗透研究应该更加重视。

第四节　文科生在高等数学教学中的兴趣培养

大学文科高等数学教学面临的最大问题是学生的基础薄弱，数学思维与逻辑性偏差而造成的兴趣缺失。培养文科生对高等教学的兴趣是让文科生学好高等数学的前提和关键，但兴趣培养是一项针对性非常强的系统工作，必须在教学观念、教学方式、教学内容上精心安排与设计创新，同时注重与学生课后实施互动，从而增强文科生学好高等数学的信心。

文科生学数学一直是教育界的老大难问题，但数学作为学生从小学到高中必修的学科，其培养学生数学逻辑思维与思辨能力的重要作用是不可替代的，高等教育虽然已进行学科分类，但仍有不少文科生需要学习高等数学，这也是打造高素质人才的应有之义。文科生学习高等数学最大的难题并不在于学习内容难易程度本身，而是在于文科生本身数学基础较理科生薄弱，对相对枯燥乏味的数学逻辑与公式有畏惧与抵触情绪。因此，对于高等数学教师来说，培养文科生对高等数学的兴趣成为文科生学好这门看似不属于自己擅长学科的关键所在。

高等数学的抽象性与复杂性是不少文科生进入高校接触这门学科后认为比高中数学难的第一印象。诚然，在不否认这一客观事实的情况下，文科生想要在千军万马独木桥的高考中脱颖而出，也必须在比初中数学更难的高中数学上取得优异的成绩。在高中文理分班分类参加高考的现实背景下，从教学者角度来看，高中文科数学与理科数学的难易程度相差其实并不大，但对于学生来说退一步可能就海阔天空，容易一些也比难一些强。按照这个心理逻辑出发，可以发现文科生学习高等数学在兴趣问题上存在下面几个问题：

首先，高中学习模式的思维定式无法轻易打破，让文科生面对高等数学时望而却步，提不起兴趣。从普遍性角度来看，一般高中分文理科时，选择文科的往往是成绩相对不理想的学生，也就是说，分科已经让选择文科的学生在心理上处于自卑倾向，认可自身在学习能力上的薄弱程度，在面对相对复杂的数学学习时也就破罐子破摔了。这一思维定式一直保持到高考结束后，甚至不少文科生并不知道进入大学后仍然需要学习数学，加上高等二字，更是雪上加霜。从考核标准来讲，高等数学考试以 60 分为及格线，远不及高考对高中数学 150 分设置的考核值高，不少文科生便抱着既然不感兴趣就应付及格的态度参与学习，自然学习效率提升不起来。从教学内容本身来讲，由高中常量到高等数学变量的转化，涉及思维方式的升级转化，对于文科生来讲，本就薄弱的数学思维逻辑更加难以转化，难以适应，更别说灵活运用或举一反三，不能形成较完整的知识体系，不少便采用死记硬背公式等文科式学习方法。另外，数学思维逻辑与现实运用关联对文科生来说是割裂开的，也就是说文科生难以将数学学习与学习目的性和实效性有机关联起来，便产生了数学无用论等消极态度与说法，也就更难产生学习兴趣，甚至产生厌学情绪。

其次，从教师的角度来看，缺乏耐心与方法的任务式教学让本来就提不起兴趣的文科生无法配合。就目前高校教师招聘门槛要求来看，高等数学教师教学水平和经验不可谓不足，但对基础较差的文科生缺少耐心和方法，甚至缺乏责任心的教师不在少数。从观念上对文科生产生"冥顽不化""笨"等歧视态度，决定了有这种态度的高等数学教师不会花心思考虑如何提升文科生对所授学科的学习兴趣。另外，想要教好文科高等数学的教师也存在不少对文科生水平、能力、基础把握不准的现象，难以照单抓药，药到病除，在教学方法选择上习惯性认为经验至上，不愿意为文科生做根本性改变，简单地认为面对文科生多讲点，讲细点即可，填鸭式教学并没有顾及文科生的食量与胃口，到最后还是让学生闻不到"香"。最后，不少高等数学教师自身从事理科行业已久，不能清晰地对比文科生与理科生的差异，如果一门心思造学问，两耳不闻窗外事，不能把握数学学科与人文学科的关联性，也就无法掌握文科生的关注点或兴趣点，无法从内心唤起文科生对数学运用的积极性与主动性。在授课方式上，有不少专家研究表明，许多教师包括高等数学教师的授课方式会不自觉地模仿自己在学习本专业过程中授课教师的模式，不少教师很难做到分类指导、因材施教，无形中将自己的固有模式强加给文科生，也就增加了文科生的学习负担，降低了他们的自信心，失去了学习高等数学的兴趣。同时，也有不少教师认为，文科高等数学并不是文科生的专业核心课程，教授得好不好，学生学得好不好，有没有兴趣，根本无足轻重，甚至有的学院自上而下不重视，文科高等数学与教师科研成绩基本很少挂钩，也不影响什么，最终一团和气，学生便更加没有了学习必要性的认识，学习也就没了兴趣。

从教育管理与专业学科设置目的来看，要求文科生学习高等数学是综合性高素质人才培养的应有之义。教育普遍化的当下，教育不再是一项简单的任务或责任，而是教育者与参与者共同的社会义务。对教育者而言培养自己专业方向的实用人才是必要的，培养综合性专业人才更是大势所趋；对学生而言，接受普遍教育，学习不同学科增长的不仅仅是知识本身，更多的是在学习中成长，将学习养成自己的习惯，用丰富的知识体系实现自身社会价值。因此，培养文科生学习高等数学的兴趣恰恰是每一名高等数学教师创新教学观念、方式和内容的第一阵地。

首先，创新教学观念，成为文科生高等数学学习的协助者和促进者。这要求高等数学教师在面对文科生教学时必须改变以往的观念，不能将自己简单地定位为高等数学知识的掌握者和传播者，更是高等数学思维方式，培养学生思辨能力的引导者。不仅需要让文科生弄懂知识，知其然也要知其所以然，授人以鱼不如授人以渔，必须注重培养学生的观察、归纳、演绎、推理能力，在提升能力的基础上不断挖掘学生兴趣，在善于思考的环境下给予文科生更多的自主空间，去消化吸收、领悟数学的"灵魂"所在，变教师主动灌输为学生主动学习，提升学生数学素质的同时，夯实学生的整体素质基础。这也要求教师必须加强自我要求，在自我素质不断提升的前提下，将自己的教学观念融入具体的教学实践中去，让学生感悟到数学的魅力。

其次，因材施教，针对性创新教学手段，让文科生在高等数学教学中品味学习的甜蜜。在高等数学课堂教学中，教师要引导学生主动参与，设计带有启发性、探索性和开放性的问题，调动他们学习思考的主动性和积极性。引导学生运用试验、观察、分析、综合、归纳、类比、猜想等方法去研究探索，在讨论交流和研究中去发现新问题、新知识、新方法，逐步找到解决问题的思路，解决一个个开放性问题，实质上就是一次次创新演练。要注意培养学生的发散思维能力，激发学生学习数学的好奇心和求知欲，通过独立思考，不断追求新知、发现、提出、分析并创造性地解决问题，在课堂上，要打破以问题为起点，以结论为终点，即"问题—解答—结论"的封闭式过程，构建"问题—探究—解答—结论—问题—探究……"的开放式过程。在解题教学中，教给学生学习方法和解题方法的同时，进行有意识的强化训练：自学例题、图解分析、推理方法、理解数学符号、温故知新、归类鉴别等，于过程中形成创新技能。课堂的提问，课后作业的编制应该重视推出开放性问题，只有这样，才能结合文科生的特点，培养学生的创新精神和创新能力，从而提升学习兴趣。同时，信息化引领科技时代，教学手段必须结合时代特点进行变革，在教学过程中教师要掌握并灵活充分运用多媒体技术，优化教学过程的同时，也能提升学习质量，让静态的知识动起来，让抽象的知识具体化，让枯燥的知识趣味化，让复杂的知识细致清晰化。但是也要注意，对于大学文科高等数学而言，并不是所有的内容都适合运用多媒体进行演示。

比如，一些例题的演算，如果只是把解题过程直接搬运到投影上，从实质上也就是省去了教师板书的功夫，只会让学生觉得把书本上的文字内容放到了投影上，并不明白其中抽象与具体的推理和计算过程，这样的功夫无疑是无用的。相反，用板书的同时和学生进行精细化互动，启发学生的逻辑思维，可以大大提升学生的参与度与自我认可，比一味地为了用多媒体而创新效果好多了。

最后，精选教学内容，在广泛应用中让文科生自我感悟数学魅力。文科生的人文互动性较强，教学本身就是一种教与学的双向互动，大学文科高等数学应针对文科生的专业实际，采用其习惯的如调查研究、问答思考模式，为文科生找到学习高等数学的目的和初衷。比如，高等数学中有许多文科生可能比较感兴趣的，能够运用到实际生活中的一元微积分、部分线性代数微分方程和概率统计等，通过教学可以让文科生习惯地从学习中立即明白，我学了之后马上能做什么，能够提升效率。这就要求教师在教学方式上多采用应用推理，理论结合实际，多选取生活中、历史上数学运用经典案例，少一些公式解读、枯燥罗列计算，通过效果来让文科生明白数学在社会历史发展中的重要性与必要性，少一些空洞解释和赘述，让学生自己解读感悟。同时，可以利用成功的数学模型，让学生能够立即明白学好数学今后能够为自己带来什么。对教师自身而言，教学内容是什么，也就是能教出、教会学生什么，往往是由其本身的知识储备、能力创新、丰富的教学经验和教学技巧决定的。因此，大学文科高等数学教师还应该不断地加强学习新知识、研究新问题，提高学术理论和水平，才能不断将传道授业解惑推向新的顶点。另外，高素质教师培养高素质学生，兴趣教师培养兴趣学生，培养文科生对高等数学的兴趣，教师必须不断挖掘学科内涵，将教学事业上升为兴趣和爱好，并通过自身的感染力让学生体会学好一门学科的重要性。

第五节 高等数学教学强化学生数学应用能力培养

在高等教育中，高等数学是一门极其重要的基础性学科。在高等数学的教学和学习过程中，一方面要注重学生逻辑思维能力的锻炼，另一方面要更加注重学生数学应用能力的培养，真正地实现学生的学以致用。本节首先对当前大部分高校中高等数学教学过程中学生数学应用能力培养的现状进行梳理，然后对造成当前现状的原因进行探析，在此基础上，从高等数学的教学方法、教学内容等方面论述如何强化学生数学应用能力的培养。

当前，我们正处于信息技术科技高速发展的时代，信息技术的发展给我们的生活带来了很大影响，为我们提供了很大的便利。而科技的发展，离不开数学知识的运用。当前，高等数学是众多高校的基础性必修的课程。任何学科教学的目的，都在于应用与问题的解决，高等数学也是如此。高等数学教学的关键就是提高学生灵活运用数学的能力，并且在现实生活中要灵活利用数学来解决问题。但当前，高等数学教学中学生应用能力的培养并没有引起重视，采用的还是传统的教学方式，并没有真正理解知识传授与应用能力培养之间真正的关系，而这恰恰是本节需要探讨的重点。

一、高校培养学生数学应用能力的现状

国内高校的扩张政策给予了更多学生接受高等教育的机会。高等数学作为一门基础必修性学科，其典型的特点是严谨、科学、精准，所以在实际教学过程中，教师的教学也遵循了它本身的特点，重点是理论知识的教授与数学问题的解答技巧和方法。这种方法本身没有错误，但并不适合所有的学生，因为有的学生本身数学逻辑思维能力较差，数学基础不牢固，单纯地教授理论知识并不能促进学生的理解与吸收，数学知识与实践应用的结合更无从谈起。这种情况下，学生学习高等数学的重要目标好像是顺利通过考试、不挂科，被动性地背题、练习，主动学习意识较差，无法真正享受数学学习的乐趣，不利于自身逻辑思维能力和数学应用能力的锻炼，长此以往，不利于自身的发展。

二、高校培养学生数学应用能力较差的原因分析

教学内容有待丰富。任何教师的教学、学生的学习都离不开教材。当前，高校应用的数学教材本身更加侧重于理论知识严谨的推理过程，理论性比较强，这使得教师教起来与实践结合性有限，学生学起来觉得高等数学真的是"高大上"，只知其然不知其所以然，久而久之降低了学生的学习积极性。

教学方式有待更新。考试成绩是当前高校普遍采取的一种检验学生学习效果的主要途径。在高校中，不挂科、顺利通过考试就成为终极目标，应付考试成了学生的常态。在这种学习氛围下，能独立学习、认真探究数学奥秘的学生少之又少。考试固然重要，但是教师也要注重教学过程，在教学过程中革新传统的灌输填鸭式教学方法，使学生不仅高分，还可以高能。

学生应用能力锻炼意识较为缺乏。在数学的学习中，问题解决的主要方法是数学建模。对教师而言，数学建模可以更加直观地讲解；对于学生而言，可以帮助他们更加全面、深入地了解某项数学知识。可以说，数学建模真正的是用数学的思维去解决问题。但当前，许多学生并没有建立好这种通过数学模型的建立来解决问题的意识，主动探究性较弱，应用能力锻炼意识较为缺乏。

三、高等数学教学中培养学生数学应用能力的方法

丰富教学内容。高等数学的特点是知识点较多、逻辑推理较为复杂、抽象，许多学生一谈高数就会色变。当前高等数学教材并没有特别针对不同的专业设定不同的教材，专业知识和高等数学的教材内容衔接得不是很紧密，更没有进行专业能力的锻炼，所以高等数学学起来才那么晦涩难懂。所以，如果要真正锻炼学生的数学应用能力，首先要对教学内

容进行完善，使其与专业的衔接更加紧密。举例来说，如果给医学专业的学生上高等数学，影子长度的变化可以利用高等数学中的极限知识点来解答，影像中的切线和边界可以利用导数的知识点来解决，影响的面积与体积也可以利用积分的知识来求解。这样，专业知识和高等数学的教材内容相互衔接，既可以提高学生的学习兴趣和热情，又能够锻炼学生的实际应用能力。

丰富教学方式方法。第一，优化教学导入环节的设计。良好的课堂导入可以快速抓住学生的眼球、激发学生的学习兴趣，促进学生自主思考，然后带着问题去学习。所以，教师有必要优化教学设计，在导入环节应该立足于具有实际应用背景的问题，将抽象、难懂的数学问题与生活实际中的问题相结合，这样既能增加数学学习的趣味性，又能够增强学生的应用意识，使其感受到数学知识的应用其实是非常广泛的。比如，当学习积分知识点的时候，可以以天舟一号的发射成功为背景，天舟一号发射的初速度怎么用积分来计算和设计。这样，使学生在学习的过程中，增强学生的爱国意识和主人翁意识，每个学生都像科研工作者一样解决每一个问题。

合理采用现代化的教学手段。当前，多媒体教学方式在高校中的应用越来越广泛了，多媒体教学方式的确给我们带来了许多便利，但我们也不能否认传统板书长久以来的重要地位，所以，可以考虑将二者进行有效的结合，现在，不乏有些教师因为超级优秀的板书而被学生推崇。除此之外，网络教学方式可以根据实际需要合理地引入，微课、翻转课堂等方式都是比较好的教学平台或者上课方式。以微课为例，当前很多多媒体平台中的老师都是用的这种方式，此方式简洁、高效、有趣，教师用比较灵活、易懂的方式和例子将一个个知识点进行总结概括，并整理成图片或短视频的形式进行播放，在短时间内能够吸引学生的注意力，令学生有耳目一新的感觉。当前，许多自媒体如抖音、微视等都属于微课方式，越来越多的教师还有效地用到了网络直播的方式，在与学生互动的过程中还将学生家长融入了学习过程中，使得学生可以充分地利用自己的时间进行学习，效果特别好。以翻转课堂为例，相比较传统的教师讲学生听的方式，这种方式可以充分给予学生参与课堂教学的机会，学生是教学的设计者，而不仅仅是参与者。

总之，合理采用现代化的教学手段，充分激发学生的学习热情，在此过程中培养学生的实际应用能力。

将数学文化和建模思想融入课堂教学中。当前高校的学生大多都是"00后"了，这个时代的学生最典型的特征是很有自己的想法，因此，兴趣对他们很重要，一味地填鸭式教学并不适合他们，他们有更强烈的探究欲望，所以，在课堂中，可以将数学文化、发展历史和建模思想融入其中，数学是怎么产生的，它的发展历史如何，有哪些特别有趣的数学家的故事，数学到底有哪些方面的应用，我们实际生活中哪些地方用到了数学等，都可以调动学生学习数学的兴趣。比如，极限这个问题，单纯讲很难懂，但是可以先讲一些故事，比如刘徽的割圆术的故事，或者是众所周知的龟兔赛跑等故事，讲解级数的时候，农夫分牛的故事就是很好的例子。数学建模则是将所遇到的问题转化成数学符号来解决，比如讲零点定理的时候设置椅子如何放平的问题等。

本节主要从丰富高等数学教学内容、教学方式以及在教学过程中加入数学文化以及数学建模等方式来改善当前高校高等数学教学中存在的不足，不断激发学生的学习兴趣，真正地培养学生的数学应用能力，真正实现高等数学的教学目标。

第六节　高等数学教学对大学生思维品质的培养

高等数学，作为一门重要的基础课程，对培养大学生理性、严谨、缜密等优良思维品质都具有重要意义。笔者通过在高校工科学校的数学教学的实践，探讨如何运用多种教学方法在高等数学教学中努力培养大学生的思维品质。

当前是一个科技快速发展的时代，社会、生活和经济随之产生了显著的变化。高等数学是高校的一门重要的基础课，它在不同的后继学科以及不同的专业领域的理论研究中起到了非常重要的作用。因此，为了深入地开展其他后继学科的研究工作，必须让学生真正掌握好高等数学的知识，重点培养学生高等数学中理性、严谨、缜密等优良思维品质。

一、高校学生和高等数学的特点

高校工科高等数学课一般在大学一年级开设，授课时间为一年。每周六课时或五课时。作为高校一年级学生，刚从高中进入高校，对于数学的教和学来说，存在两方面的问题：一是学生的学习习惯问题。在初、高中六年间里，学生一直忙着备考，教学偏重于大量的计算，理论知识较少，少量的理论知识需要大量的练习去巩固。学生一直在教师直接、耐心、细致的指导下进行学习。尤其是高中阶段，每个学生的习题集和试卷都是厚厚的一大摞。学生的学习已习惯于在教师的指导下进行，学习的目的很明确，就是为了应考。二是心理适应问题。进入高校，教学方式发生了根本性的变化。从"灌输式"变为"放羊式"，学习主要靠学生的主体性来体现，一改过去强灌的做法。教学工作几乎又在课堂进行，平时教师和学生接触较少，部分学生会出现无所适从的情况，还有一部分学生出现"进入高校先放松一段时间，玩玩再说"的思想，时间一长就会出现学习困难的现象。

高校工科高等数学主要是作为一门基础课开设的。其特点主要有：一是时间紧，在一年的时间内要学完本专业将要使用的主要数学知识；二是任务重，课程内容包括微积分（包括一元和多元）部分、空间解析几何、微分方程等内容；三是应用程度高，学生对以上知识不仅要学懂、学会，还要善于在实际中解决问题，这就增加了教学的难度。

二、高等数学教学与育人的关系

教育的终极目标是育人。育人不但包括知识的传授，更为重要的是培养对社会、对各个领域能够起到推动作用的人才。所以，为达到这个教育目标，转变理念是极为关键的。第一，教师通常都是在相应的教学目标与理念的指导下进行教学工作的；第二，对于学生而言，理念也显得十分关键，它不但是指学习以及提升理论知识，而且是培养学习观、自信心等的过程，这会对学生将来的学习形成深刻影响。在高数的教学过程中，可在每一章节之前增加序言，以便能够适当融进思想教育。例如，在讲解极限概念之时以我们国家古代（公元3世纪）数学家刘徽通过内接正多边形演算圆面积的办法——割圆术为例，并且告诉学生这是极限思想在几何学上的运用，也是极限思想最初来自我国的历史事实。以此激起学生的自豪感以及爱国热情，使得他们的学习目标与定位更加清晰。

高等数学中的很多概念十分机械。但是不同分支、不同概念、不同知识点却相互关联、其逻辑性也十分强。所以，若在教学过程中适当地讲解一些数学史方面的知识，不仅能够使得课堂气氛更加生动活泼，也能够激发学生更大的学习兴趣。例如，在讲解微积分章节的时候，让学生知道它是数学历史上的重大突破，并给他们介绍牛顿-莱布尼茨定理（微积分基本公式）形成的特殊背景，并告诉学生该定理充分揭示了定积分与被积函数的原函数或不定积分之间的关系。数学史是数学以及科学史的分支，在高数教学过程中引入数学史，尤其是理论与实际相结合，不断提高学生的学习激情，提升他们的学习效果。

三、在教学过程中培养学生的思维品质

鼓励学生具有勇于探索的精神。创造性思维的前提就是勇于探索的精神。这种精神的缺失将导致创造性思维的消失。创造性思维不仅表现在做出了完整的新发现和新发明的思维过程，而且表现在思考的方法和技巧上，在某些局部的结论和见解上具有新奇独到之处的思维活动。创造性思维是人类思维的一种高级形式，这种思维不限于已有的秩序和见解，而是寻求多角度、多方位开拓新的领域、新的思路，以便于找到新理论、新方法、新技术等。创造性思维是逻辑思维、非逻辑思维、形象思维、灵感思维等的有机结合，是智力因素和非智力因素的巧妙互补，在创造过程中处于中心和关键地位。因此，教师在传授数学知识的同时，要给学生介绍一些数学史，鼓励学生像那些伟大的数学家一样对传统的观念和传统的理论做批判性的思考，让学生明白，数学的发展是在新的实践基础上批判性地改造前人积累的成果而把数学推向前进的，而不是简单地承袭过去。

开拓学生的思维，培养善于探索的能力。作为一门科学，数学是知识、思想和方法的统一体。开拓学生的思维，培养善于探索的能力，这里的探索能力其实就是指学生把在数学课中学到的知识、思想和方法按照自己的理解深度，再加上自己的感觉，然后在自己头脑中形成具有一定规律的整体结构的能力。数学教学是学生认知结构和个人积累的主要形式。认识的发生和整理是数学教学的两个阶段。而就学生探索能力的培养而言，整理要比认识的发生更为重要。把传授知识和培养能力有机地结合起来的教育措施就是学生探索能力的引导。在培养学生的探索能力时，教师还应该掌握一些微观的教学方法论，如归纳法

和类比法。以下以类比法为例进行分析：首先通过类比，看到几种积分的定义都是按"分割""近似求和""取极限"三个步骤引出的，并可把他们统一。特别应该引导学生将牛顿 - 莱布尼茨公式、格林公式、高斯公式、斯托克斯公式进行类比。若将牛顿 - 莱布尼茨公式视为它建立了一元函数在一个区间的定积分与其原函数在区间边界的值之间的联系；通过类比，就可将格林公式视为它建立了二元函数在一个平面区域 D 上的二重积分与其"原函数"在区域边界 L 的曲线积分之间的联系；以此类推，从而可将格林公式、高斯公式、斯托克斯公式都看作牛顿 - 莱布尼茨公式的高维推广。

鼓励学生发散思维，优化学生思维品质。发散思维是一种重要的创造性思维，具有流畅性、多端性、灵活性、新颖性和精细性等特点。思维的多向性是发散性思维的本质特征，主要表现就是多方向、多角度和多层次地对已知的信息进行分析思考，汲取和重组信息，从而使思维不恪守常规，善于开拓、变异并提出新问题。寻求问题解答采用多种途径进行，这种思维方式对培养学生创造性思维具有更直接和更现实的意义。在高等数学教学中，教师培养学生的发散思维时，一题多解、一题多变是非常有效的方法。

教师的传授与学生的学习其实是一个互动的过程，是双方共同解决问题的探究活动。在教学过程中鼓励学生参加教学的整个环节，是有效地激发学生进行创新性思维的方法。教师利用启发式的教学，运用好提问等教学技巧，全面开拓学生的思路，拓展学生思维空间，让高数教学的整个过程成为大家的探究过程。

第七节　高等数学教学过程中大学生数学竞赛能力的培养

在当前的高等教学中，数学作为重要的基础课程被普遍性地设置。之所以要重视数学课程的设置，一方面是数学本身具有较强的实用性价值，另一方面是数学与其他专业的发展进步有着密不可分的关系。在高等数学的教学过程中，教师对学生的竞赛能力培养十分重视，主要是因为这种能力培养模式可以强化学生学习的动力，从而促进教学的综合性发展。为了对竞赛能力的培养有更加清楚的认识，本节就高等数学教学过程中的大学生数学竞赛能力培养进行全面的探讨。

高等数学是现阶段高等教学中的重要科目，在高等数学的教学过程中，需要进行多种能力的培养，而竞赛能力只是其中的一种。之所以在高等数学的教学中要培养竞赛能力，主要有三个方面的原因：一是竞赛能力的内涵是竞争性，培养竞赛能力其实就是在激发学生的学习竞争力，通过竞争力的挖掘，学生的学习环境氛围会更加浓厚，这有利于教学的发展。二是数学学习具有灵活性和逻辑性，竞赛能力的培养能够激发学生的创造力和灵活性，而且在过程当中还能保持严密的逻辑性，所以说竞赛能力的培养能够提升学生学习的综合性。三是竞赛能力的培养有助于实现教学的提升和改革。竞赛能力的培养需要不断地进行教学模式的更新和改变，这对推动教学的持续化改革意义重大。简而言之，就是在高等数学的教学过程中进行竞赛能力的培养有着重要的意义。

一、高等数学教学中竞赛能力培养的必要性

从目前的高等数学教学现状来看，要想提升综合教学成果，需要对学生的能力进行全面提升，而竞赛能力作为学生的一项重要能力，不仅对数学成绩的提高有帮助，对学习意识的培养也有重要的促进。因此，高等数学教学中竞赛能力的培养在整体教学进程中有着必要性。

教学现代化发展的必要。在理念和思想不断更新的情况下，我国的现代化教育获得了巨大的发展。从目前的高等数学教育来看，要实现高等数学教学的现代化发展必须进行学生能力的综合提升，而竞赛能力作为学生重要的一项能力不能被忽视。新时代的高等数学教育要求其实际价值得到提升，所以在教学中要进行实践性的强化。过去的灌输式教学以及填鸭式教学明显不符合现代教育创新发展的理念，所以在具体教学的过程中需要学生打破常规，实现自我能力的体现和自主意识的提升。竞赛能力培养中突出的竞争意识对学生的动力提升以及创新发展有着重要的价值，因此说竞赛能力的培养是现代化高等数学教学发展的必要因素。

学生自主学习能力提升的必要。学生的自主学习能力对教学的进步有着重要的影响，简而言之，学生的主动性越强，教学的进步就会越明显，教学方案以及策略的实施会更加具有效用。竞赛能力作为一种重要的提供学习动力的能力，在高等数学教学的过程中进行强化，有助于培养学生的自主意识和竞争意识。在素质教育阶段，学生能力的比拼大都在伯仲之间，所以要想真正实现竞争力的提升，必须进行自我能力的提升和突破，而竞赛能力就是提升和突破的动力，因此，从学生自主发展的角度考虑，培养竞赛能力的必要性显著。

综合性教学成果提升的必要。在现代高等数学教学的过程中，其综合性有了明显的加强，而要想实现教学的综合进步，需要学生在思维以及能力方面有更加全面的建设。竞赛能力看似是单一能力，其实具备了多方面的能力以及意识，所以进行竞赛能力的培养是综合性教学成果提升的必要内容。

二、高等数学教学中大学生竞赛能力培养遇到的问题

模式的滞后性严重。就目前高等数学教学中大学生竞赛能力培养来看，遇到的问题就是教学模式的滞后性比较显著。竞赛能力在传统高等数学教学中并不受重视，只是在近年来的数学竞赛不断增加和高校知名度扩展的要求下，高等数学教学对学生的竞赛能力有了更高的要求。简而言之，就是竞赛能力是现代高校在高等数学教学的过程中需要培养的一种新能力。因为竞赛能力具有新颖性，而传统的教学模式又具有封闭性，所以其相对于竞

赛能力的培养而言就具有了滞后性。总之，就是竞赛能力的新颖和教学模式的传统发生了碰撞，由此显现出了模式滞后的具体问题。

方法的单一性显著。方法的单一性显著也是目前高等数学教学中竞赛能力培养遇到的一个普遍性问题。从具体的探究来看，大学生个体的学习能力存在着差异，其对竞赛能力的理解和接受程度也有明显的差异，所以，统一的方法利用显然不适合针对所有学生的竞赛能力培养。目前的高等数学教学，利用的方法基本都是传统的课堂授课法，虽然有时候教师也会使用合作研究以及小组探讨等教学方法，但是毕竟利用的比例较少，所以效果不明显。简而言之，目前高等数学教学中利用的单一化教学方法忽视了竞赛能力所具有的多样性特点，所以达不到竞赛能力培养的全面性，也正是因为如此，学生的竞赛能力表现较弱。

教学队伍的专业性较差。教学队伍的专业性较差对大学生竞赛能力的培养也有着重要的影响。就目前的高等数学教学分析来看，从事教学的教师，其传统教学能力比较强，但是创新思维以及改革性教学的理念比较弱，而这些内容正好是竞赛能力培养需要的东西。简单来讲，就是目前的高校数学教师，大都不具备大学生竞赛能力培养的理论尝试，在实践方法以及手段利用方面也存在着较为明显的缺陷，所以整个竞赛能力教学培养队伍的专业性显得比较弱。专业性差，竞赛能力培养自然受到了限制。

竞赛能力培养机制不完善。竞赛能力培养的机制不完善也是目前高等数学教学中大学生竞赛能力培养当中存在的一个显著问题。从教学的实践来看，要想培养学生的竞赛能力，必须强化学生的竞争和竞赛意识，同时也要打造浓厚的竞争氛围，在这样的环境熏陶下，学生的竞赛能力才会有所提升。但是目前的高等数学教学，一方面是在课堂教学的过程中，对竞争、竞赛的重视度不够，所以对学生的意识强化做得不到位，另一方面是在竞赛组织以及激励机制施行等方面存在着相对的滞后，所以整个竞赛能力的机制显得较为凌乱，缺乏系统性，由此导致了竞赛能力培养方面的缺陷。

三、高等数学教学中大学生竞赛能力培养的途径

方法创新。高等数学教学中大学生竞赛能力要进行培养，一个典型的途径是方法的创新。从本质上而言，竞赛能力的培养其实就是对学生原有思维的一种打破和更新，而我国的高等数学教学模式和方法具有较强的统一性，在这样的统一化教学中，学生的逻辑思维受到的固化比较严重。在竞赛能力培养的过程中，首要的任务就是进行思维打破，而要实现思维打破的目的，必须运用和传统教学不一样的方法，所以在高等数学教学中方法创新的地位十分显著。从目前的高等数学教学现状分析来看，由于网络技术、信息技术以及多媒体技术在教学当中有了充分的运用，原有的教学模式受到冲击，教学方法也有了改变，所以说竞赛能力培养的有利环境已经形成。

内容更新。在高等数学教学的大学生能力培养途径研究中，另一个重要的途径就是进

行内容的更新。高等数学教学的内容统一性较强，新意比较弱，所以大部分的学生对高等数学的兴趣度不高。竞赛能力培养和传统的学生能力培养具有差异，所以需要在内容上进行改变，这样，其内容才能够符合能力培养的需要。在具体内容更新上，需要增加两部分的内容：一是实践性的内容。通过实践性内容的增加，培养学生实践问题的解决能力，这对打造其竞赛能力有着重要的帮助。二是进行延伸性内容的增加。所谓的延伸性主要指的是在课堂内容的基础上对内容践行延伸和扩大，这样，可以有效地打开大学生的知识结构体系，使其认知范围有进一步的发展。总而言之，无论是实践内容的添加还是课堂内容的扩展，对竞赛能力培养的帮助都是巨大的。

四、高等数学教学中大学生竞赛能力培养的措施

深化培养模式的改革，实现模式的先进性发展。就目前的高等数学教学大学生竞赛能力培养措施来看，一项重要的内容是进行培养模式的改革，从而实现模式的先进性发展。从教学实践来看，教学模式和培养策略对学生的能力提升具有重要的意义，所以就模式的深化改革来看，主要有两方面的内容：一是在竞赛能力培养的过程中，利用小组竞争的模式。举个简单的例子，在某 32 个人的班级教学中，确定教学内容后将其分为 4 个小组，分别在小组内设立 1 个组长和 2 个副组长，由教师进行教学内容的布置，然后由小组进行综合的探讨和研究，最后由教师进行研究成果的评比。通过这种小组评比的模式，班级内的竞争氛围得以建立，学生的竞争意识有所提升。二是在教学的过程中利用个人竞赛模式实现对学生竞赛能力的培养。所谓的个人竞赛主要指的是在教学的过程中将每一个内容都当作竞赛主题来进行学习，这样，学习和竞赛有机融合，学生的竞赛能力得以培养。

利用新技术实现教学方法的多元化。在高等数学教学中要进行大学生竞赛能力的培养，方法利用的多元化也是必不可少的。从竞赛能力的基本特点来看，其不仅要具有基础性，还要具有创新性、研究性和灵活性，在综合考虑这些因素的基础上，培养学生的竞赛能力可以使用项目驱动法、模型构建法和实验研究法。所谓的项目驱动法，主要指的是利用实际项目的完成来对学生的综合能力进行锻炼。比如在教学中，就高等数学在生活实际问题的解决方面设立一个项目，教师进行项目目标的明确，然后由学生自主完成项目的实施过程，在这个过程中，学生的主动性、创造性以及对各方面因素的综合考虑能力都会得到发挥，学生的整体能力能够得到锻炼。模型构建法，主要指的是利用高等数学的基本原理进行问题研究和解决模型的搭建，并在模型的基础上进行相应问题的演算，这样，学生对高等数学的理解会更加的深刻。试验分析法，主要是利用实验室的数据研究进行问题的解决。简而言之，这三种方法对学生竞赛能力的培养都有突出的价值，所以，根据内容和教学实践针对性地选择利用对学生帮助巨大。

积极地进行教学队伍的更新和完善，打造其专业性。积极地进行教学队伍的更新和完善，打造其专业性也是现阶段高等数学教学中大学生竞赛能力培养的重要措施。大学生竞

赛能力的培养相比于普通教学难度更大、复杂性更强，所以需要更加专业的教师。就"专业"而言：一方面指的是教师对竞赛能力要有全面的理解，对竞争力的概念和内涵要有详细的解读；另一方面是指在教学中，教师能够科学地运行方法和手段实现对学生竞争力以及竞赛能力的提升。简而言之就是在大学生竞赛能力培养中，教师不仅要有概念上的基础认知，更要有实践上的专业判断，这样，其对学生竞赛能力培养的帮助才会达到最佳。基于此，积极进行教师概念理解力的加深和实践方法运用的培训，进而打造出竞赛能力培养的专业化队伍，这对学生成长十分重要。

构建完整的竞赛能力培养机制。构建完整的竞赛能力培养机制对大学生竞赛能力的培养同样有着重要的意义。就竞赛能力培养机制的完整构建来看，主要包括三方面的内容：一是课堂体系的构建。在课堂教学中，不断地进行竞争、竞赛理念的灌输，这样，竞争、竞赛的理念会深入每一个学生的心中。有了理念做支撑，之后的竞赛能力培养行动阻力会大幅度地减少。二是在课堂教育之外积极地进行数学竞赛的组织。为了扩大竞赛的影响力，最好是以院校为单位进行宣传和组织，这样，数学竞赛的氛围会遍布高等教育的各个环节。三是在竞赛基础上建立完善的奖励机制，实现竞赛和奖励的完美契合。有奖励的激励作用，加之学生竞争意识的强化，整个校园的竞赛氛围愈加的浓烈。简言之，就是从课堂到院系再到整体校园，通过竞赛组织和奖励机制的有机融合，全方位的竞赛能力培养机制得以构建。

高等数学教学在现阶段的高校教育教学中占有重要的地位，积极地进行教学发展有着重要的现代化价值。在目前的高等数学教学中，培养学生的竞赛能力不仅对学生有着重要的作用，对提升学校品牌形象也有着重要的帮助，所以积极分析在竞赛能力培养中出现的问题，然后研究培养途径以及具体的竞赛能力培养措施，意义重大。全面性地分析现阶段高等数学基础教学中竞赛能力培养当中存在的问题，然后研究竞赛能力培养的基本途径，之后对竞赛能力培养的具体措施进行分析和研究，这能够为高等数学基础教学的竞赛能力提升提供理论帮助，进而实现教学实践的完善和提升。

参考文献

[1] 苏建伟.学生高等数学学习困难原因分析及教学对策 [J].海南广播电视大学学报,2015(2).

[2] 温启军,郭采眉,刘延喜.关于高等数学学习方法的研究 [J].吉林省教育学院学报,2013(12).

[3] 同济大学数学系.高等数学:第7版 [M].北京:高等教育出版社,2014.

[4] 黄创霞,谢永钦,秦桂香.试论高等数学研究性学习方法改革 [J].大学教育,2014(11).

[5] 刘涛.应用型本科院校高等数学教学存在的问题与改革策略 [J].教育理论与实践,2016,36(24):47-49.

[6] 徐利治.20世纪至21世纪数学发展趋势的回顾及展望:提纲 [J].数学教育学报,2000,9(1):1-4.

[7] 徐利治.关于高等数学教育与教学改革的看法及建议 [J].数学教育学报,2000,9(2):1-2,6.

[8] 王立冬,马玉梅.关于高等数学教育改革的一些思考 [J].数学教育学学报,2006,15(2):100-102.

[9] 张宝善.大学数学教学现状和分级教学平台构思 [J].大学数学,2007,23(5):5-7.

[10] 夏慧异.一道高考数学题的解法研究及思考 [J].池州师专学报,2006,20(5):135-136.

[11] 赵文才,包云霞.基于翻转课堂教学模式的高等数学教学案例研究:格林公式及其应用 [J].教育教学论坛,2017(49):177-178.

[12] 余健伟.浅谈高等数学课堂教学中的新课引入 [J].新课程研究,2009(8):96-97.

[13] 江雪萍.高等数学有效教学设计的探究 [J].首都师范大学学报(自然科学版),2017(6):14-19.

[14] 同济大学数学系.高等数学:下册 [M].北京:高等教育出版社,2014:25.

[15] 谌凤霞,陈娟."高等数学"教学改革的研究与实践 [J].数学学习与研究,2019(7).

[16] 王冲."互联网+"背景下高等数学课程改革探索与实践 [J].沧州师范学院学报,2019(1).

[17] 王佳宁.浅谈高等数学课程的教学改革与实践研究 [J].农家参谋,2019(5).

[18] 茹原芳，朱永婷，汪鹏. 新形势下高等数学课程教学改革与实践探究 [J]. 教育教学论坛，2019(9).

[19] 中华人民共和国教育部. 普通高中数学课程标准 [M]. 北京：人民教育出版社，2017.

[20] 杨兵. 高等数学教学中的素质培养 [J]. 高等理科教育，2001(5)：36-39.

[21] 同济大学数学系. 高等数学 [M]. 北京：高等教育出版社，2007.

[22] 李文林. 数学史概论 [M]. 北京：高等教育出版社，2011.

[23] 沈文选，杨清桃. 数学史话览胜 [M]. 哈尔滨：哈尔滨工业大学出版社，2008.

[24] 曲元海，宋文媛. 关于数学课堂内涵的再思考 [J]. 通化师范学院学报，2013，34(5)：71-73.